技工院校室内设计专业规划教材

室内设计
手绘效果图表现

文健 陈雅婧 魏燕 主编

邹静 曾小慧 李程鹏 副主编

华中科技大学出版社
http://www.hustp.com
中国·武汉

内容提要

　　本书包括室内设计手绘效果图表现概述、室内设计手绘效果图表现的基础训练、居住空间室内设计手绘效果图表现训练、公共空间室内设计手绘效果图表现训练、室内设计手绘效果图整套方案表现训练等项目。本书详细地阐述了室内设计手绘效果图表现的基本概念、特点、训练方法和练习步骤，理论讲解细致，内容全面，条理清晰，注重理论与实践相结合，每一个项目都有相关的具体学习任务，配有系统的训练方法和直观的练习资料，可以帮助学生更好地掌握学习要点。

图书在版编目（CIP）数据

室内设计手绘效果图表现 / 文健，陈雅婧，魏燕主编 . — 武汉：华中科技大学出版社，2020.7 (2023.9重印)
技工院校室内设计专业规划教材
ISBN 978-7-5680-6287-9

Ⅰ.①室… Ⅱ.①文… ②陈… ③魏… Ⅲ.①室内装饰设计－绘画技法－技工学校－教材 Ⅳ.① TU204.11

中国版本图书馆 CIP 数据核字 (2020) 第 111787 号

室内设计手绘效果图表现

Shinei Sheji Shouhui Xiaoguotu Biaoxian

文健　陈雅婧　魏燕　主编

策划编辑：金　紫

责任编辑：陈　骏

装帧设计：金　金

责任校对：周怡露

责任监印：朱　玢

出版发行：华中科技大学出版社（中国•武汉）　　　电　　话：（027）81321913
　　　　　武汉市东湖新技术开发区华工科技园　　　邮　　编：430223

录　　排：天津清格印象文化传播有限公司

印　　刷：湖北新华印务有限公司

开　　本：889mm×1194mm　1/16

印　　张：9

字　　数：220 千字

版　　次：2023 年 9 月第 1 版第 4 次印刷

定　　价：55.00 元

技工院校室内设计专业规划教材
编写委员会名单

● 编写委员会主任委员

文健（广州城建职业学院科研副院长）

王博（广州市工贸技师学院文化创意产业系室内设计教研组组长）

罗菊平（佛山市技师学院设计系副主任）

叶晓燕（广东省城市建设技师学院艺术设计系主任）

宋雄（广州市工贸技师学院文化创意产业系副主任）

谢芳（广东省理工职业技术学校室内设计教研室主任）

吴宗建（广东省集美设计工程有限公司山田组设计总监）

刘洪麟（广州大学建筑设计研究院设计总监）

曹建光（广东建安居集团有限公司总经理）

汪志科（佛山市拓维室内设计有限公司总经理）

● 编委会委员

张宪梁、陈淑迎、姚婷、李程鹏、阮健生、肖龙川、陈杰明、廖家佑、陈升远、徐君永、苏俊毅、邹静、孙佳、何超红、陈嘉銮、钟燕、朱江、范婕、张淏、孙程、陈阳锦、吕春兰、唐楚柔、高飞、宁少华、麦绮文、赖映华、陈雅婧、陈华勇、李儒慧、阚俊莹、吴静纯、黄雨佳、李洁如、郑晓燕、邢学敏、林颖、区静、任增凯、张琮、陆妍君、莫家娉、叶志鹏、邓子云、魏燕、葛巧玲、刘锐、林秀琼、陶德平、梁均洪、曾小慧、沈嘉彦、李天新、潘启丽、冯晶、马定华、周丽娟、黄艳、张夏欣、赵崇斌、邓燕红、李魏巍、梁露茜、刘莉萍、熊浩、练丽红、康弘玉、李芹、张煜、李佑广、周亚蓝、刘彩霞、蔡建华、张嫄、张文倩、李盈、安怡、柳芳、张玉强、夏立娟、周晟恺、林挺、王明觉、杨逸卿、罗芬、张来涛、吴婷、邓伟鹏、胡彬、吴海强、黄国燕、欧浩娟、杨丹青、黄华兰、胡建新、王剑锋、廖玉云、程功、杨理琪、叶紫、余巧倩、李文俊、孙靖诗、杨希文、梁少玲、郑一文、李中一、张锐鹏、刘珊珊、王奕琳、靳欢欢、梁晶晶、刘晓红、陈书强、张劼、罗茗铭、曾蔷、刘珊、赵海、孙明媚、刘立明、周子渲、朱苑玲、周欣、杨安进、吴世辉、朱海英、薛家慧、李玉冰、罗敏熙、原浩麟、何颖文、陈望望、方剑慧、梁杏欢、陈承、黄雪晴、罗活活、尹伟荣、冯建瑜、陈明、周波兰、李斯婷、石树勇、尹庆

● 总主编

文健，教授，高级工艺美术师，国家一级建筑装饰设计师。全国优秀教师，2008年、2009年和2010年连续三年获评广东省技术能手。2015年被广东省人力资源和社会保障厅认定为首批广东省室内设计技能大师，2019年被广东省教育厅认定为建筑装饰设计技能大师。中山大学客座教授，华南理工大学客座教授，广州大学建筑设计研究院室内设计研究中心客座教授。出版艺术设计类专业教材120种，拥有自主知识产权的专利技术130项。主持省级品牌专业建设、省级实训基地建设、省级教学团队建设3项。主持100余项室内设计项目的设计、预算和施工，内容涵盖高端住宅空间、办公空间、餐饮空间、酒店、娱乐会所、教育培训机构等，获得国家级和省级室内设计一等奖5项。

● 合作编写单位

（1）合作编写院校

广州市工贸技师学院

佛山市技师学院

广东省城市建设技师学院

广东省理工职业技术学校

台山市敬修职业技术学校

广州市轻工技师学院

广东省华立技师学院

广东花城工商高级技工学校

广东省技师学院

广州城建技工学校

广东岭南现代技师学院

广东省国防科技技师学院

广东省岭南工商第一技师学院

广东省台山市技工学校

茂名市交通高级技工学校

阳江技师学院

河源技师学院

惠州市技师学院

广东省交通运输技师学院

梅州市技师学院

中山市技师学院

肇庆市技师学院

江门市新会技师学院

东莞市技师学院

江门市技师学院

清远市技师学院

山东技师学院

广东省电子信息高级技工学校

东莞实验技工学校

广东省粤东技师学院

珠海市技师学院

广东省工业高级技工学校

广东省工商高级技工学校

广东江南理工高级技工学校

广东羊城技工学校

广州市从化区高级技工学校

广州造船厂技工学校

海南省技师学院

贵州省电子信息技师学院

（2）合作编写企业

广东省集美设计工程有限公司

广东省集美设计工程有限公司山田组

广州大学建筑设计研究院

中国建筑第二工程局有限公司广州分公司

中铁一局集团有限公司广州分公司

广东华坤建设集团有限公司

广东翔顺集团有限公司

广东建安居集团有限公司

广东省美术设计装修工程有限公司

深圳市卓艺装饰设计工程有限公司

深圳市深装总装饰工程工业有限公司

深圳市名雕装饰股份有限公司

深圳市洪涛装饰股份有限公司

广州华浔品味装饰工程有限公司

广州浩弘装饰工程有限公司

广州大辰装饰工程有限公司

广州市铂域建筑设计有限公司

佛山市室内设计协会

佛山市拓维室内设计有限公司

佛山市星艺装饰设计有限公司

佛山市三星装饰设计工程有限公司

佛山市湛江设计力量

广州瀚华建筑设计有限公司

广东岸芷汀兰装饰工程有限公司

广州翰思建筑装饰有限公司

广州市玉尔轩室内设计有限公司

武汉半月景观设计公司

惊喜（广州）设计有限公司

前 言

　　"室内设计手绘效果图表现"是室内设计专业的一门专业必修课。这门课程不仅可以训练学生的设计表现能力和快速绘图能力，提升学生的设计转化能力，而且可以激发学生的设计创意，培养学生设计交流、沟通和展示的能力，为今后从事相关的室内设计工作打下良好基础。

　　本书包括室内设计手绘效果图表现概述、室内设计手绘效果图表现的基础训练、居住空间室内设计手绘效果图表现训练、公共空间室内设计手绘效果图表现训练、室内设计手绘效果图整套方案表现训练等项目。本书详细地阐述了室内设计手绘效果图表现的基本概念、特点、训练方法和练习步骤，理论讲解细致，内容全面，条理清晰，注重理论与实践结合。每一个项目都有相关的具体学习任务，配有系统的训练方法和直观的练习资料，可以帮助学生更好地掌握该课程的学习要点。本书训练方法系统、科学，可供技工院校和中职中专类院校室内设计专业学生使用，也可以作为业余爱好者的自学辅导用书。

　　本书在编写过程中得到了广州城建职业学院、广东省城市建设技师学院、广州市轻工技师学院、佛山市技师学院、广东省岭南工商第一技师学院和广州市工贸技师学院等多所职业类院校师生的大力支持和帮助，在此表示衷心感谢。本书的项目一和项目二学习任务二由广州城建职业学院文健编写。项目二学习任务一和学习任务三由广东省岭南工商第一技师学院曾小慧编写。项目三学习任务一、学习任务二和学习任务三由广州市轻工技师学院魏燕编写。项目三学习任务四、学习任务五和学习任务六由广东省城市建设技师学院陈雅婧编写。项目四由佛山市技师学院邹静编写，项目五由广州市工贸技师学院李程鹏编写。由于编者水平有限，书中难免存在不足之处，敬请读者批评指正。

编者

2020.3

序 言

　　技工教育是中国职业技术教育的重要组成部分，主要承担培养高技能产业工人和技术工人的任务。随着"中国制造 2025"战略的逐步实施，建设一支高素质的技能人才队伍是实现规划目标的必备条件。如今，技工院校的办学水平和办学条件已经得到很大的改善，进一步提高技工院校的教育、教学水平，提升技工院校学生的职业技能和就业率，弘扬和培育工匠精神，打造技工教育的特色，已成为技工院校的共识。而技工院校高水平专业教材建设无疑是技工教育特色发展的重要抓手。

　　本套规划教材以国家职业标准为依据，以培养学生的综合职业能力为目标，以典型工作任务为载体，以学生为中心，根据典型工作任务和工作过程设计教材的项目和学习任务。同时，按照职业标准和学生自主学习的要求进行教材内容的设计，结合理论教学与实践教学，实现能力培养与工作岗位对接。

　　本套规划教材的特色在于，在编写体例上与技工院校倡导的"教学设计项目化、任务化，课程设计教、学、做一体化，工作任务典型化，知识和技能要求具体化"紧密结合，体现任务引领实践的课程设计思想，以典型工作任务和职业活动为主线设计教材结构，以职业能力培养为核心，将理论教学与技能操作相融合作为课程设计的抓手。本套规划教材在理论讲解环节做到简洁实用，深入浅出；在实践操作训练环节体现以学生为主体的特点，创设工作情境，强化教学互动，让实训的方式、方法和步骤清晰明确，可操作性强，并能激发学生的学习兴趣，促进学生主动学习。

　　为了打造一流品质，本套规划教材组织了全国 40 余所技工院校共 100 余名一线骨干教师和室内设计企业的设计师（工程师）参与编写。校企双方的编写团队紧密合作，取长补短，建言献策，让本套规划教材更加贴近专业岗位的技能需求和技工教育的教学实际，也让本套规划教材的质量得到了充分保证。衷心希望本套规划教材能够为我国技工教育的改革与发展贡献力量。

技工院校室内设计专业规划教材 总主编

教授 / 高级技师 文健

2020 年 6 月

课时安排（建议课时 72）

项目	课程内容	课时	
项目一 室内设计手绘效果图 表现概述	学习任务一　室内设计手绘效果图表现的基本概念	2	4
	学习任务二　室内设计手绘效果图表现的学习方法	2	
项目二 室内设计手绘效果图 表现的基础训练	学习任务一　室内家具与陈设线描手绘训练	4	16
	学习任务二　室内家具与陈设着色手绘训练	8	
	学习任务三　室内空间透视手绘训练	4	
项目三 居住空间室内设计手绘 效果图表现训练	学习任务一　客厅空间手绘效果图表现训练	4	24
	学习任务二　主卧室空间手绘效果图表现训练	4	
	学习任务三　餐厅空间手绘效果图表现训练	4	
	学习任务四　儿童卧室空间手绘效果图表现训练	4	
	学习任务五　书房空间手绘效果图表现训练	4	
	学习任务六　厨房和卫生间空间手绘效果图表现训练	4	
项目四 公共空间室内设计手绘 效果图表现训练	学习任务一　办公空间手绘效果图表现训练	8	16
	学习任务二　餐饮空间手绘效果图表现训练	8	
项目五 室内设计手绘效果图 整套方案表现训练	学习任务一　居住空间设计手绘效果图整套方案表现训练	6	12
	学习任务二　公共空间设计手绘效果图整套方案表现训练	6	

目 录

项目一
室内设计手绘
效果图表现概述

室内设计手绘效果图表现的基本概念

教学目标

（1）专业能力：了解室内设计手绘效果图表现的基本概念、特点和分类，提升对室内设计手绘效果图表现的认知，归纳室内设计手绘效果图表现的艺术特色。

（2）社会能力：提高室内设计手绘效果图表现作品的赏析水平，了解一线室内设计师的专业沟通方式，以及对设计师岗位的技能要求。

（3）方法能力：知识理解能力，设计拓展能力，设计表现能力和创造能力。

学习目标

（1）知识目标：室内设计手绘效果图表现的基本概念、特点和分类。

（2）技能目标：室内设计手绘效果图表现的专业基础技能要求。

（3）素质目标：深度挖掘室内设计手绘效果图表现作品的艺术表现方式和审美特点，并能清晰表述作品的设计内涵。

教学建议

1. 教师活动

（1）教师通过展示优秀设计师的室内设计手绘效果图，提高学生对室内设计手绘效果图表现的直观认识，提升学生的学习热情和学习动力。

（2）引导学生欣赏室内设计手绘效果图，理解作品传递出来的设计创意和设计构思。

2. 学生活动

（1）通过赏析优秀室内设计手绘效果图，提高自己对课程的认知能力，并能分析和理解作品的精粹，提升综合审美能力。

（2）通过专业的手绘网站收集和整理优秀的室内设计手绘效果图，并形成系统资料，为今后的室内设计创作储备素材。

一、学习问题导入

　　同学们，今天我们来学习室内设计手绘效果图表现的知识。什么是室内设计手绘效果图呢？它与现在设计界流行的计算机效果图有什么区别？它的优势又在什么地方？图1-1所示为快餐厅设计流程图。从这张图上我们可以了解到手绘效果图是设计师前期绘制的构思草图，其主要作用是方便设计师快速表达设计构思，快捷与客户沟通设计创意。在客户初步认同设计构思后，再制作成直观性更强的计算机效果图，并根据计算机效果图绘制施工图。由此可见，手绘效果图是设计师必备的一项专业技能，可以提高设计师的工作效率，为设计师与客户之间的快速沟通提供载体。

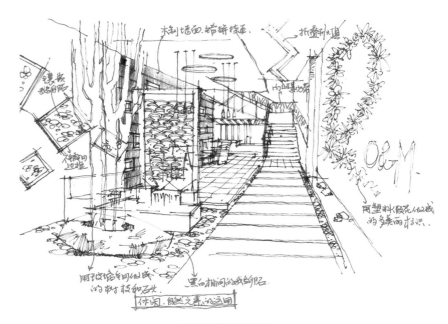

前期手绘设计草图

提交客户的计算机效果图

施工完成后的实景照片

图1-1 快餐厅设计流程图

二、学习任务讲解

1. 室内设计手绘效果图表现的概念

室内设计手绘效果图是室内设计师徒手绘制的设计图纸。它通过艺术表现的手段形象而直观地表达设计意图。它具有很强的艺术感染力，观赏性较强。室内设计手绘效果图表现需要绘制者具备一定的美术基本功和美学素养，以便能将设计构思中的形式简洁而快速地表达出来。手绘的表现方式是室内设计师表达设计理念和表述设计方案最直接的视觉语言。

手绘效果图不同于计算机效果图，计算机效果图真实感强，但制作时间长，成本高。手绘效果图的优势如下。其一，可以方便快捷地表达室内设计师的设计意图，将室内设计师心中所想的初步方案生动、快速地表现出来，为下一步的深入方案设计做好准备。室内设计师用手绘效果图来表现设计思路是最直接、最有效的方式。对于室内设计师来说，能够将自己的设计构思在短时间内迅速地转换成一目了然的画面，是其设计能力的最好证明。手绘效果图已经成为室内设计师与客户沟通的媒介和桥梁。其二，优秀的室内设计师善于利用手绘效果图来表达思维，完善设计构思，创造出完美的室内设计作品。手绘能力的高低在一定程度上体现着室内设计师专业水平的高低。

2. 室内设计手绘效果图表现的特点

（1）快捷性。

室内设计手绘效果图表现的主要价值在于把室内设计师的设计构思表达出来，手绘表达的过程是设计思维由大脑向手延伸，并最终艺术化表现出来的过程。在设计的初始阶段，这种"延伸"是最直接和最富有成效的，一些好的设计想法往往通过这种方式被展现和记录下来，成为完整设计方案的原始素材。快捷性是室内设计手绘效果图最重要的特点，室内设计手绘效果图表现是与设计挂钩的，通过手绘的方式快捷地将各种构思的造型绘制出来，并进行分解和重组，创造出新的造型样式，这种设计的推敲过程才是设计创作的本源，也是室内设计手绘效果图表达的核心内容。手绘效果图如图 1-2 ~ 图 1-7 所示。

（2）科学性。

室内设计手绘效果图是工程图和艺术表现图的结合体，它要求表达出工程图的严谨性和艺术表现图的美感。其中，前者是基础内容，后者是形式手段，两者相辅相成，互为补充。作为工程图的前身，室内设计手绘效果图具有严谨的科学性和一定的图解功能，如空间结构的合理表达、透视比例的准确把握、材料质感的真实表现等。只有重视室内设计手绘效果图表现的科学性，才能为下一步的深化设计和施工图绘制打下坚实的基础。

图 1-2 居住空间手绘效果图 文健 作

（3）艺术性。

室内设计手绘效果图是室内设计师艺术素养与表现能力的综合体现，它以其自身的艺术魅力和强烈的感染力向客户传达创作思想、设计理念和审美情感。室内设计手绘效果图的艺术化处理，在客观上对设计是一个强有力的补充。设计是理性的，设计表达则往往是感性的，而且最终必须通过有表现力的形式来实现，这些形式包括形状、线条和色彩等。室内设计手绘效果图的艺术性决定了室内设计师必须追求形式美感的表现技巧，将设计作品更好地展现给客户。

3. 室内设计手绘效果图表现的分类

室内设计手绘效果图表现按表现内容可以分为居住空间手绘效果图、餐饮空间手绘效果图、酒店空间手绘效果图等；按表现方式可以分为精细手绘效果图和手绘概念草图。

图1-3 餐饮空间手绘效果图 文健 作

图1-4 中式度假酒店空间手绘效果图 杨风雨 作

图1-5 精细手绘效果图 连柏慧 作

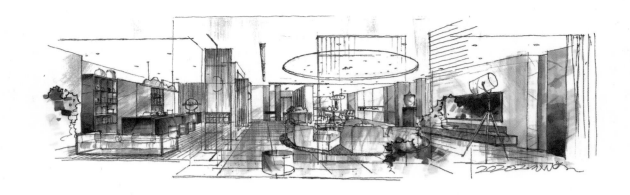

图1-6 手绘概念草图 王严均 作

图1-7 手绘概念草图 杨风雨 作

4.室内设计手绘效果图表现的工具

好的工具是画好一幅室内设计手绘效果图的前提，"巧妇难为无米之炊"，没有好的工具做保证，技术再高的室内设计师也只能望图兴叹。手绘工具如图 1-8 所示，主要有以下几类。

（1）笔：包括钢笔、针管笔、彩色铅笔、马克笔等。

钢笔笔头坚硬，所绘线条刚直有力，是徒手快速表现的首选工具。钢笔有普通钢笔和美工钢笔两种。普通钢笔画的线条粗细均匀、挺直舒展；美工钢笔画的线条粗细变化丰富、线面结合、立体感强。两种钢笔各有特点，可以配合在一起使用。

针管笔有金属针管笔和一次性针管笔两种，型号有 0.1mm、0.2mm、0.3mm、0.4mm、0.5mm、0.6mm、0.7mm 等。可根据不同的绘制要求选择不同型号的针管笔，其绘制的线条流畅细腻，细致耐看。

彩色铅笔有水溶性和蜡性两种，其色彩丰富，笔触细腻，可表现较细密的质感和较精细的画面。

马克笔有油性和水性之分。笔头宽大，笔触明显，色彩退晕效果自然，可表现大气、粗犷的设计构思草图。

（2）纸：可采用较厚实的铜板纸、高级白色绘图纸和复印纸等，要求纸质白晰、紧密，吸水性较好。

（3）其他工具：直尺、曲线板、橡皮、铅笔、图板、丁字尺、三角尺、透明胶带等。

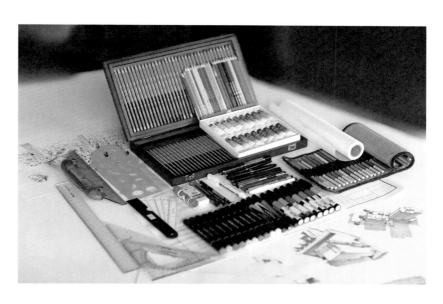

图 1-8 手绘工具

三、学习任务小结

通过本次学习，大家已经初步了解了室内设计手绘效果图表现的基本概念、特点和分类。通过老师对优秀室内设计手绘效果图的展示、分析与讲解，同学们理解了手绘表现对于室内设计工作的价值和意义。接下来，同学们要多收集优秀室内设计手绘效果图，并吸收其表现方法和表现技巧，为创作室内设计手绘效果图准备素材。

四、课后作业

（1）登录专业手绘网站，如绘世界、手绘 100 等，下载 50 幅优秀的室内设计手绘效果图表现作品。

（2）将下载的室内设计手绘效果图表现作品进行分析和提炼，并制作成 PPT 进行展示。

学习任务 二

室内设计手绘效果图表现的学习方法

教学目标

（1）专业能力：通过钢笔线条的练习训练室内设计手绘效果图表现的造型能力。通过临摹优秀作品，总结室内设计手绘效果图表现的方法和技巧。

（2）社会能力：从优秀室内设计手绘效果图表现作品的赏析中了解优秀室内设计师的设计理念和表现技巧。

（3）方法能力：临摹绘制能力，设计表现能力和创造能力。

学习目标

（1）知识目标：室内设计手绘效果图表现的钢笔线条训练和临摹训练。

（2）技能目标：室内设计手绘效果图表现的动手能力训练。

（3）素质目标：深度挖掘室内设计手绘效果图表现作品的艺术表现方式和设计构思，并能清晰表述作品的设计内涵。

教学建议

1. 教师活动

（1）教师通过展示优秀设计师的室内设计手绘效果图表现作品，提高学生对室内设计手绘效果图表现的直观认识，并指导学生进行手绘基础训练。

（2）指导学生临摹室内设计手绘效果图表现作品，引导学生理解作品中传递出来的设计构思。

2. 学生活动

（1）通过临摹优秀设计师的室内设计手绘效果图表现作品，提高对室内设计手绘效果图表现的认知能力，并能分析和理解作品的设计构思。

（2）通过临摹室内设计手绘效果图表现作品，总结室内设计手绘效果图表现方法和技巧，并逐步转化为自己的表现方式。

一、学习问题导入

同学们，今天我们来了解室内设计手绘效果图表现的学习方法。怎样才能掌握室内设计手绘效果图表现？其实就是两个字"多练"。室内设计手绘效果图表现主要运用绘画的手段来完成，因此，造型基本功、线条的表现力、透视比例的准确性、色彩的搭配等都对室内设计手绘效果图表现有着重要影响。接下来，我们具体了解一下室内设计手绘效果图表现的学习方法。

二、学习任务讲解

学习室内设计手绘效果图表现首先要有一个良好的心态，避免浮躁情绪和急功近利的想法，坚持从点滴做起，一步一个脚印，扎扎实实地学习和理解。其次要制定科学有效的训练计划，并严格按照计划训练，不可半途而废。学习室内设计手绘效果图表现可以从以下两个方面来进行。

1. 钢笔线条的训练

室内设计手绘效果图表现主要通过钢笔或针管笔来勾画物体轮廓，塑造物体形象。因此，钢笔线条的练习成为手绘训练的重点。钢笔线条本身就具有无穷的表现力和韵味，它的粗细、快慢、软硬、虚实、刚柔和疏密等变化可以传递出丰富的质感和情感。

钢笔线条主要分为慢写线条和速写线条两类。慢写线条注重表现线条自身的韵味和节奏，绘制时要求用力均匀，线条流畅、自然。通过训练慢写线条，不仅可以提高手对钢笔线条的控制力，使脑与手配合更加完美，而且可以锻炼绘画者的耐心和毅力，为设计创作打下良好的心理基础。速写线条注重表现线条的力度和速度，绘制时用笔较快，线条刚劲有力，挺拔帅气。通过训练速写线条，可以提高绘画者的概括能力和快速表现能力。钢笔线条训练如图 1-9 ~图 1-11 所示。

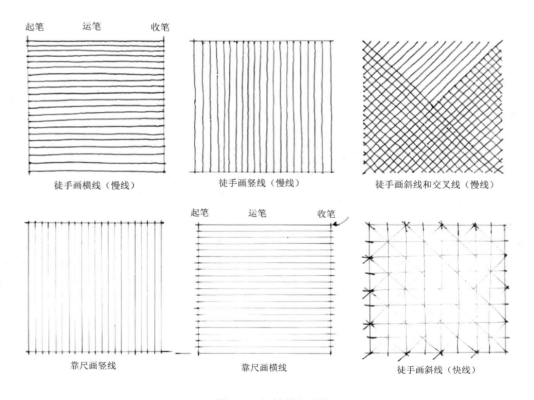

图 1-9 钢笔线条训练一

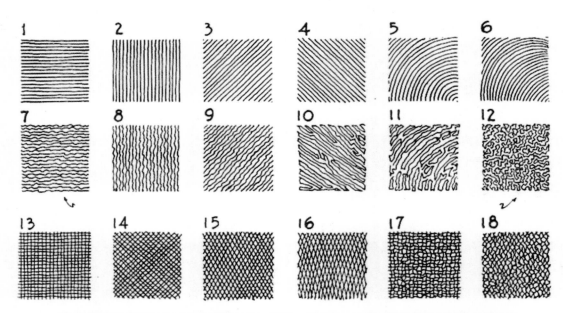

慢写线条的绘制要注意线条之间的长短、粗细、间隔的一致性，训练手的平衡性和稳定性

图 1-10 钢笔线条训练二

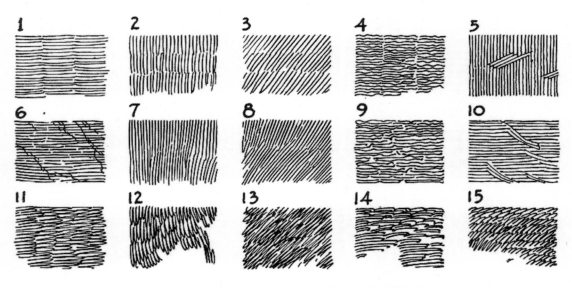

速写线条的训练要练习手的力度和线的速度以及准确度，训练脑与手的配合度

图 1-11 钢笔线条训练三

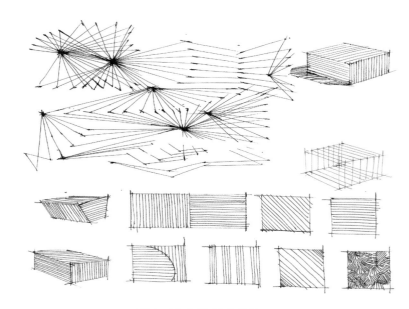

在钢笔线条训练过程中，还可以结合简单的几何形体进行线条的排列组合训练和明暗关系表达训练。这种训练方式既可以训练练习者的造型能力，提升对形体结构的理解，又可以训练线条的组合搭配技巧，提高对形体明暗关系和画面层次感、立体感的处理能力，如图1-12～图1-16所示。

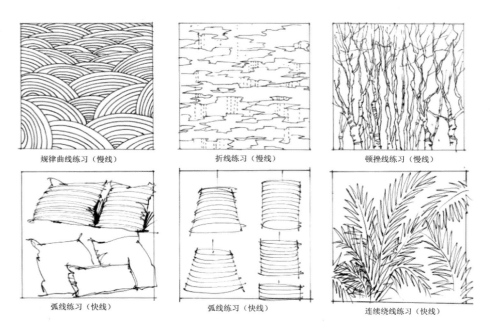

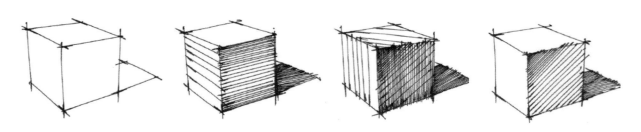

图 1-12　钢笔线条训练四

规律曲线练习（慢线）　　折线练习（慢线）　　顿挫线练习（慢线）

弧线练习（快线）　　弧线练习（快线）　　连续绕线练习（快线）

不同类型的表现性线条练习，训练徒手表达的灵巧度和脑与手的协调配合度

图 1-13　钢笔线条训练五

图 1-14　钢笔线条训练六

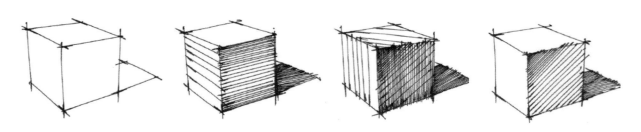

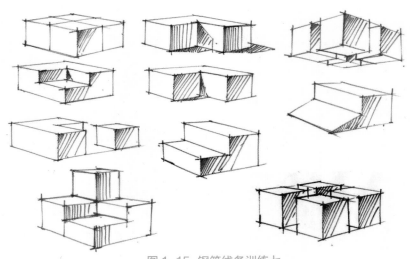

图 1-15　钢笔线条训练七

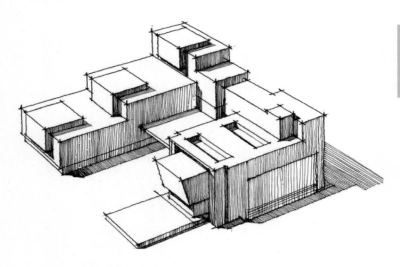

阴影的表现要注意区分受光面和背光面。背光面的阴影因为照射角度和材质反射的不同也会产生明暗深浅的层次变化

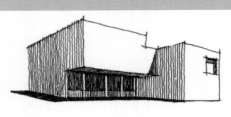

2. 临摹

　　室内设计手绘效果图表现是艺术表现的一个门类，艺术表现的训练需要继承前人优秀的表现手法和表现技巧，这样不仅可以在短时间内迅速提高练习者的表现能力，而且可以取长补短、博采众长，最终形成自己独特的表现风格。

　　临摹优秀的手绘表现作品是学习手绘表现的捷径，对于初学者来说，这是一种迅速见效的方法。临摹面对的是经过整理加工

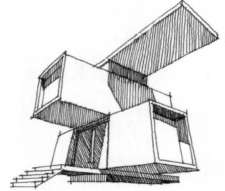

图 1-16　钢笔线条训练八

的画面，这就有利于初学者直观地获得优秀作品的画面处理技巧，经过消化和吸收，转化为自己的表现技巧。临摹还有一个好处是可以接触和尝试许多不同风格的作品，这样可以极大地拓展初学者的眼界，丰富初学者的表现手段。因为临摹接触的是优秀的作品，这就使得初学者能够站在专业的高度上看清自己的位置和日后的发展方向，这比单纯的技术训练具有更深远的意义。

　　临摹能够迅速把技术训练和设计思想结合起来。手绘表现不仅是技术的训练，也是设计思想的训练。临摹一方面是学习具体的作画技巧，另一方面也在学习隐含在技术之中的设计理念。好的设计理念才是优秀手绘表现作品的核心。

临摹分为摹写和临绘两个阶段，在摹写阶段，要求使用透明的硫酸纸拷贝作品，这样可以直观地获取对方的构图、线条和色彩，并培养练习者的绘画感觉。在临绘阶段，要求练习者将所临摹的图片置于绘图纸的左上角，先用眼睛观察，再用手绘方式临绘下来，力求做到与原作品相似或相近。这种练习可以培养练习者的观察能力和手绘转化能力。

临摹只是学习手绘表现技巧的一种方法，切不可一味临摹。

图 1-17 室内设计手绘效果图表现原作 么冰儒 作

在临摹到一定程度时，就要运用临摹中学到的表现手法进行创作，最终将这些表现手法概括归纳，消化吸收，成为自己的表现手法，这样才能绘制出有自己风格的作品。室内设计手绘效果图原作和临摹作品如图1-17和图1-18所示。

图 1-18 室内设计手绘效果图表现临摹作品 彭巧巧 临

三、学习任务小结

通过本次学习，同学们已经初步了解了室内设计手绘效果图表现的学习和训练方法，并通过钢笔线条的训练和临摹训练，掌握了部分室内设计手绘效果图表现的绘制技巧。接下来，同学们要多收集优秀的室内设计手绘效果图表现作品，并吸收其表现方法和表现技巧，为后续的室内设计手绘效果图表现打好基础。

四、课后作业

（1）通过专业手绘网站下载 30 幅优秀的室内设计手绘效果图表现作品。

（2）选择两幅优秀的室内设计手绘效果图表现作品进行临摹。

项目二
室内设计手绘效果图表现的基础训练

学习任务一　室内家具与陈设线描手绘训练
学习任务二　室内家具与陈设着色手绘训练
学习任务三　室内空间透视手绘训练

室内家具与陈设线描手绘训练

教学目标

（1）专业能力：通过学习能对室内家具与陈设的形体进行分析和理解，掌握形体的结构关系，抓住形体的主要特征，准确而形象地将形体表现出来。

（2）社会能力：通过对室内家具与陈设的线描手绘训练，提高眼与手的协调配合能力，锻炼敏锐的观察力和熟练的手绘技巧。提高作画者的造型能力，并学会将遇到的各种手绘技巧问题进行归纳和总结，寻找规律与解决办法。

（3）方法能力：敏锐的观察能力，分析与理解能力，眼与手的协调配合能力，造型能力。

学习目标

（1）知识目标：熟练掌握室内家具与陈设的线描表现方法和技巧。

（2）技能目标：通过仔细的观察快速而准确地表现对象的形体特征和不同的质感。

（3）素质目标：通过对不同工具和技法的尝试训练，丰富设计语言，增强设计思维的创新能力。

教学建议

1. 教师活动

（1）教师通过优秀的室内家具和陈设线描作品展示提高学生对手绘线描的直观认识。同时，运用多媒体课件、教学视频、现场示范等多种教学手段，讲授室内家具与陈设线描的学习要点和绘画技巧，指导学生进行手绘线描练习。

（2）教师利用实物投影仪做课堂手绘示范，让学生直观感受室内家具与陈设线描的绘制步骤、流程和方法。引导学生利用微信公众号、网页和抖音等方式收集相关资料。

（3）走出课堂教学，组织学生到课外写生，亲近自然。培养学生创作激情、提高学生专业水平及思想水平，开阔眼界，丰富学生生活。

2. 学生活动

（1）学生根据学习任务进行课堂练习，老师巡回指导。

（2）学生应了解各种家具和陈设品的造型，多加练习，并能凭记忆默写，可根据自己的想象对默写对象进行改造。

（3）学生收集素材，如同构建 3D 模型库一样，为以后在绘制过程中，可以迅速"调模"，并根据设计的需要进行组合、修改。

一、学习问题导入

　　各位同学，今天我们来学习室内家具与陈设线描手绘训练。我们从室内单体家具线描手绘训练开始，逐步过渡到室内组合家具线描手绘训练。室内单体家具是构成室内空间的重要元素，要想画好室内空间，就要先从室内单体家具开始练习。在进行室内单体家具线描手绘训练时，我们必须要先了解其结构特征，这对于我们学习单体表达是有利的。如图 2-1 所示，这些家具有哪些结构特征？我们如何才能用手绘的语言把它表现出来呢？如图 2-2 所示，大家注意观察室内单体家具如何用线描手绘的方式表达。

室内设计手绘效果图表现

016

图 2-1　室内单体家具

图 2-2　室内单体家具线描手绘表现　曾小慧　作

二、学习任务讲解

1. 学习任务准备

（1）教学准备：优秀室内家具与陈设线描手绘表现图片案例集、室内家具与陈设线描手绘表现视频。

（2）学习用具准备：自动铅笔、橡皮、A4绘图纸、针管笔或钢笔、平行尺、直尺。

（3）学习课室准备：专业绘图室，多媒体设备，实物投影仪。

（4）建议学时：4课时。

2. 学习任务讲解与示范

（1）一点透视基本原理和画法。

一点透视又称平行透视，即当水平位置的直角六面体有一个面与画面平行，其消失点只有一个的透视表现形式。一点透视基本原理和画法如图2-3和图2-4所示。

一点透视的特点主要有以下几点。

① 平行画面的平面保持原来的形状，水平的保持水平，直立的仍然直立。

② 与画面不平行的轮廓线垂直于画面，是变线，这些变线集中消失于一点，即消失点。

③ 一点透视只有一个消失点。

④ 六个面一般状况下能看到三个面，在特殊情况下只能看到两个面或一个面。

⑤ 六面体高低不同时，离视平线越远的水平面的透视越宽，反之越窄。

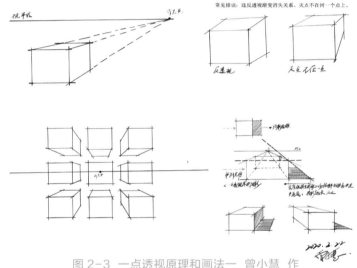

图 2-3 一点透视原理和画法一 曾小慧 作

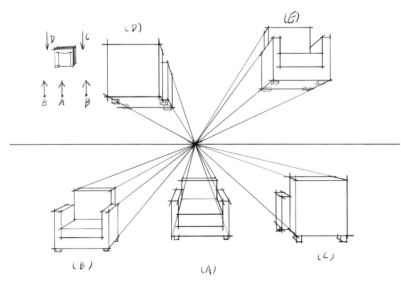

图 2-4 一点透视原理和画法二 曾小慧 作

（2）两点透视基本原理和画法。

两点透视又叫成角透视，即物体有一组垂直线与画面平行，其他两组线均与画面成一定角度，而每组有一个消失点，共有两个消失点的透视形式。两点透视图面效果比较自由、活泼，立体感较强。两点透视原理和画法如图2-5和图2-6所示。

（3）家具线描手绘示范。

① 沙发线描手绘示范。

沙发是室内主要家具之一，沙发线描手绘训练可以用临摹图片的方法去练习。

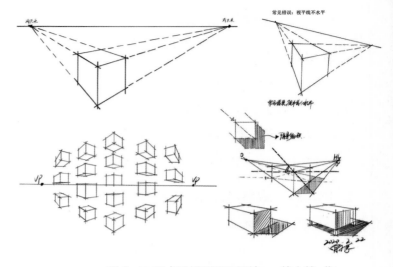

图 2-5 两点透视原理和画法一 曾小慧 作

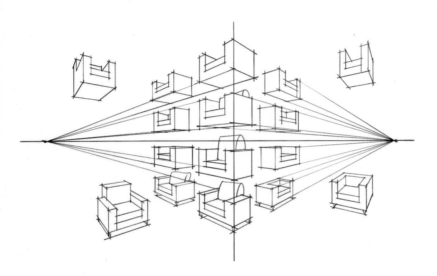

图 2-6 两点透视原理和画法二 曾小慧 作

练习时用概括、简练的线条表现出沙发的形体特征、透视比例关系和尺寸规范，线条要流畅、舒展、自然，抑扬顿挫，富有表现力和节奏感，还要有快慢、曲直、虚实和疏密的变化。此外，不同的面线条的走向也不同，阴影重的地方较密集，反之则稀疏。亮面应该适当留白，较少阴影线，如图2-7所示。

重点：坐垫的高度通常在总高度的1/3的位置，坐垫比扶手要凸出一点

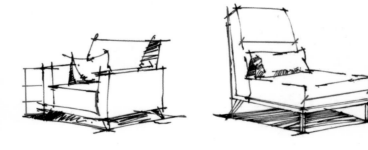

重点：坐垫突起的部分，可以让沙发看起来很软。靠背的宽度要略小于坐垫的宽度，并且靠背的重心是直的

图 2-7 沙发的绘画重点 曾小慧 作

一点透视沙发绘制时要注意横平竖直和一点消失关系，在刻画的过程中要注意观察沙发形体的比例关系和透视关系，以及光影的统一和质感的表达，如图2-8 ~图2-10所示。

两点透视沙发绘制时要注意横斜竖直和两点消失关系，以及立体光影的表现，如图2-11所示。

沙发在绘制时除了透视准确、尺寸规范之外，还要表现出线条的装饰感和美感，强调细节的刻画和明暗光影效果的体现，如图2-12 ~图2-16所示。

步骤一：绘制沙发的左右扶手和座位，注意透视消失关系的准确性和经过透视消失后沙发扶手和座位的进深缩减。

步骤二：绘制沙发的靠背，注意沙发靠背和靠垫之间的前后遮挡关系，以及布艺材料的柔软质感。

步骤三：绘制沙发的靠背，靠垫和支撑脚，注意三者之间的层次感和比例关系。

步骤四：绘制沙发的阴影轮廓线，注意一点透视的近大远小变化。

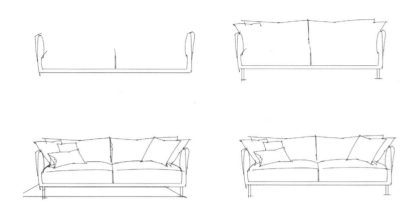

图 2-8 一点透视沙发的绘制步骤 邓蒲兵 作

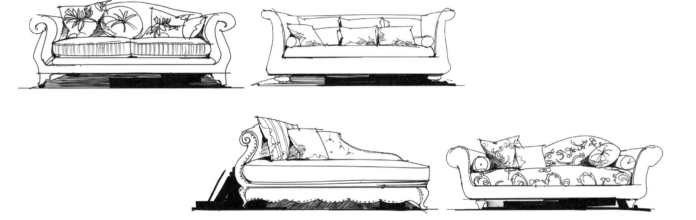

图 2-9 一点透视沙发组合的画法 邓蒲兵 作

图 2-10 一点透视沙发的画法 曾小慧 作

步骤一：先按照透视关系把沙发靠背和座位的轮廓勾画出来，注意透视关系的准确和线条的流畅。

步骤二：将沙发的脚画出来，注意脚部的近大远小关系。

步骤三：画出沙发的立体感和阴影，注意线条的明暗、疏密关系表现。

步骤四：将沙发的花纹图案表现出来，注意线条的主次关系。

图 2-11 两点透视沙发的绘画步骤 文健 作

图 2-12 沙发线描手绘 杨健、尚龙勇 作

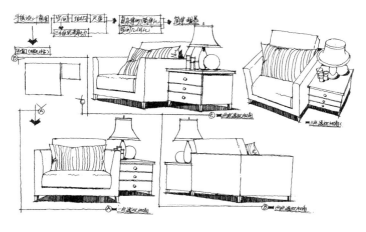

图 2-13　沙发线描手绘　邓蒲兵　作

图 2-14　沙发线描手绘　尚龙勇　作

图 2-15 沙发线描手绘 曾小慧 作

图 2-16 沙发线描手绘 邓文杰 作

② 茶几线描手绘示范。

茶几形态多样，有长方形、正方形、圆形和不规则形。茶几的材质有木材、大理石、玻璃等。表现茶几时要根据形态结构特征，准确表现透视关系以及立体感和光感，如图 2-17 ～图 2-18 所示。

图 2-17 茶几线描手绘 曾小慧 作

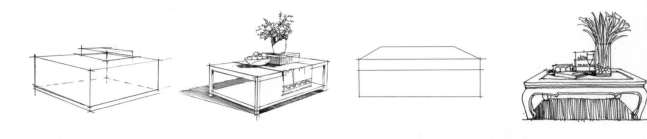

图 2-18 茶几线描手绘 邓蒲兵 作

③ 床线描手绘示范。

　　绘制床时透视同样要严谨，用铅笔先交代出视平线及大致的灭点。然后勾勒出床的大轮廓，并用加减法切割出大致形态。最后用钢笔深入刻画，将材质和光影表达细致，如图 2-19 ～图 2-23 所示。

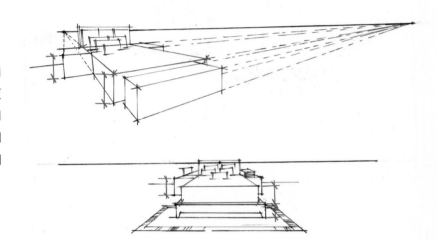

床的绘制要点：视点要尽量压低，床不要画太大。注意床头柜和床的关系。地毯和枕头是床的附属物，一定要注意其透视、比例关系以及与床的协调性

图 2-19 床的透视原理及绘制要点 曾小慧 作

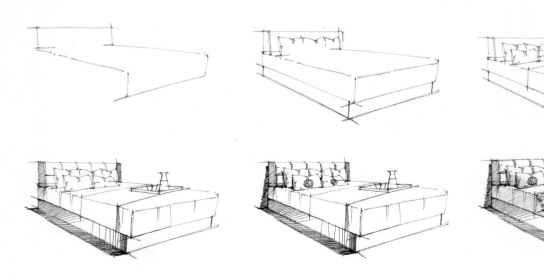

图 2-20 床的绘制步骤 文健 作

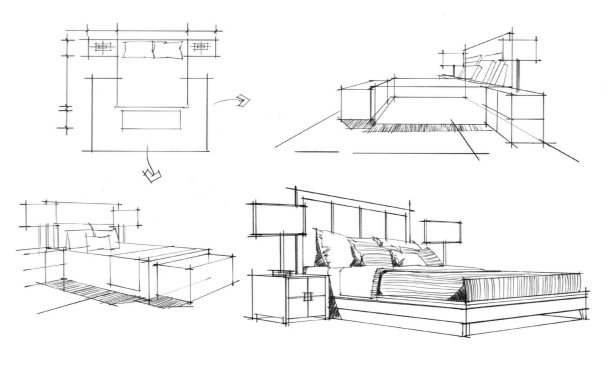

图 2-21 床线描手绘一 曾小慧 作

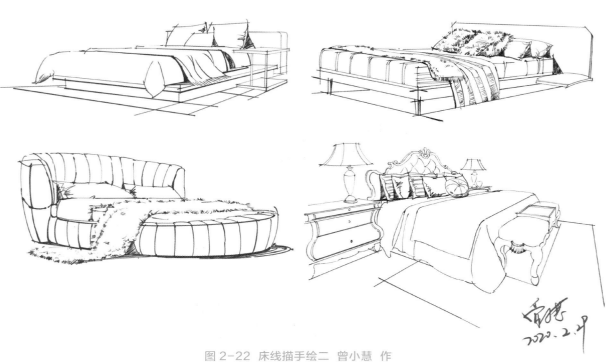

图 2-22 床线描手绘二 曾小慧 作

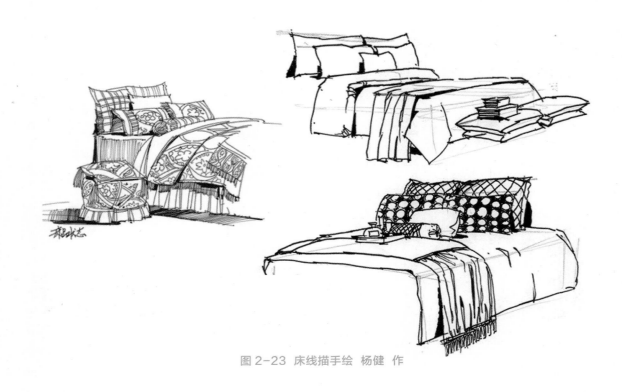

图 2-23　床线描手绘　杨健　作

④ 餐桌椅线描手绘示范。

　　餐桌椅在绘制过程中特别要注意透视、比例关系和前后穿插关系，用线要刚直有力，表现出轮廓清晰的边界和坚硬的质感，如图 2-24 和图 2-25 所示。

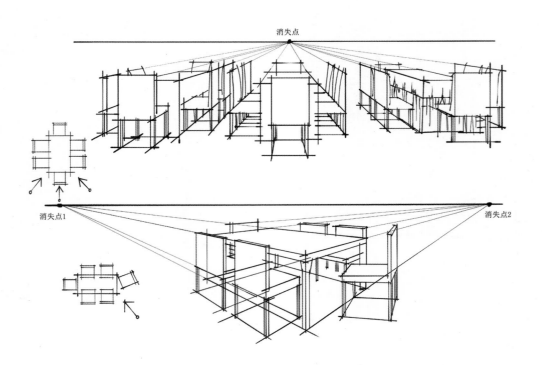

图 2-24　餐桌椅各方位透视原理图　曾小慧　作

图 2-25 餐桌椅线描手绘 曾小慧 作

⑤ 卫浴线描手绘示范。

在绘制过程中要注意卫浴设备规格和尺寸，要注意弧线的准确性和质感表现，如图 2-26 和图 2-27 所示。

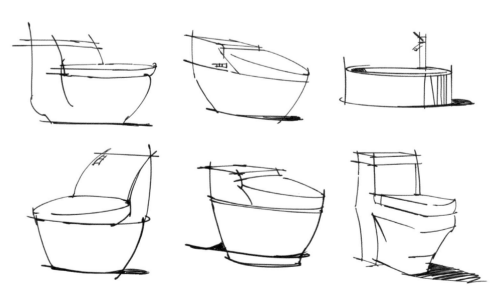

图 2-26 卫浴线描手绘一 曾小慧 作

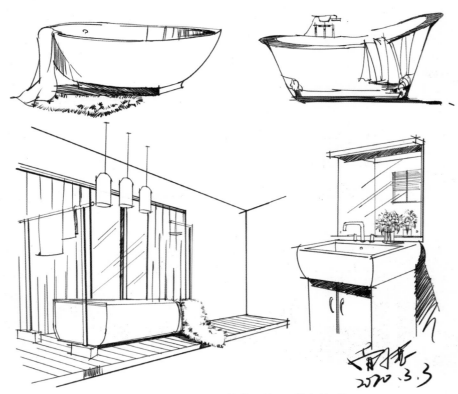

图 2-27 卫浴线描手绘二 曾小慧 作

⑥ 灯具线描手绘示范。

灯具形态各异，造型多变，绘制时要注意整体与局部的协调表现。很多灯具都是按照轴对称的关系进行设计和组合的，绘制时要理解其结构，找出造型规律，如图 2-28～图 2-30 所示。

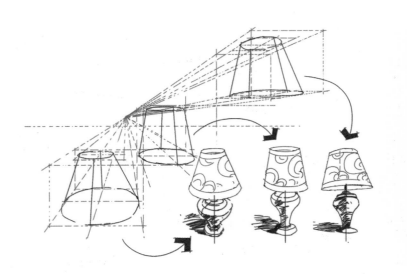

台灯绘制时，对称性尤为重要，灯罩和底座都是轴对称关系。我们需要先去透彻理解其结构关系，再去深入刻画。灯罩部分我们可以先理解为简单的几何形体，根据灯具所处空间的透视，做出辅助线，连接空间透视的消失点，将灯罩的外形"切割"出来。再画出形体的中轴线，刻画台灯底座。用这样的简单方法，多练习几次就能够很好掌握台灯的表达技巧

图 2-28 台灯画法分析图 邓蒲兵 作

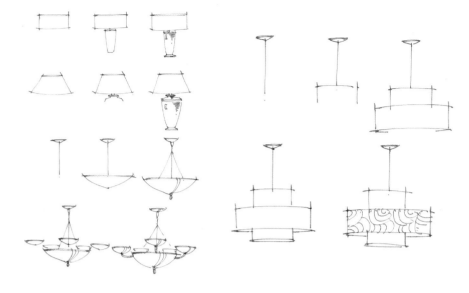

图 2-29　灯具的画法步骤　文健　作

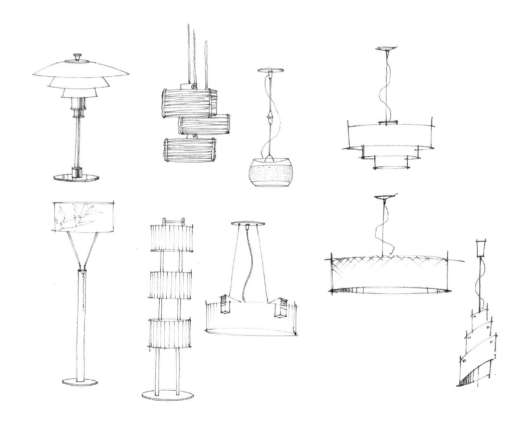

图 2-30　灯具线描手绘　文健　作

⑦ 布艺线描手绘示范。

布艺柔软的质感能够使空间氛围更加亲切、自然。布艺绘制时可运用轻松活泼的线条表现其柔软的质感，同时要注意布艺细节光影和体积感的表现，如图 2-31 ~ 图 2-35 所示。

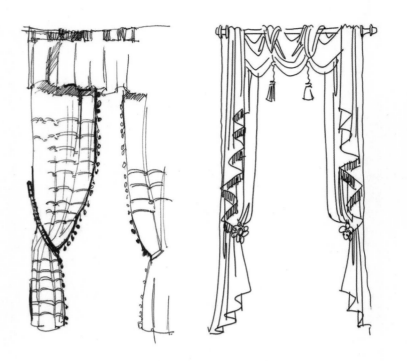

窗帘绘制时要注意表现布艺柔软的质感和细节的花纹图案，处理好整体的层体感和虚实关系。另外，要注意窗帘的转折、缠绕和穿插的关系

图 2-31 窗帘线描手绘 邓蒲兵 作

图 2-32 窗帘、布帘线描手绘 曾小慧 作

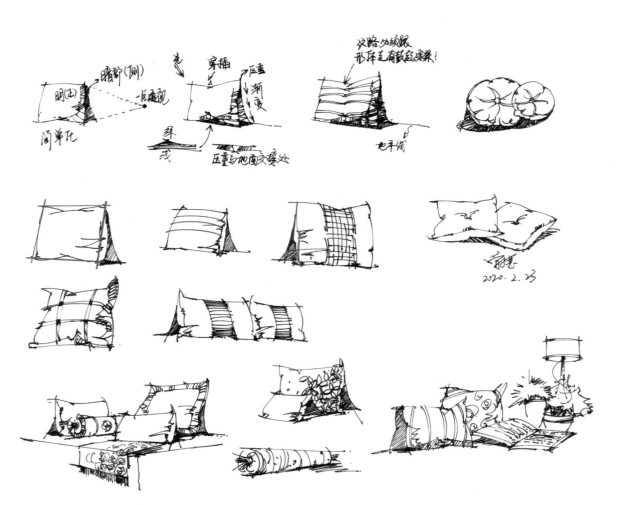

图 2-33　靠垫线描手绘　曾小慧　作

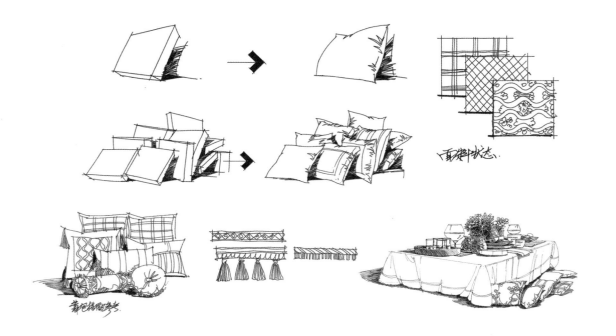

图 2-34　布艺线描手绘　邓蒲兵　作

图 2-35 布艺线描手绘 邓蒲兵、文健 作

⑧ 绿植线描手绘示范。

室内绿植通常在整个室内布局中起到画龙点睛的作用。在室内装饰布置中，我们常常会遇到一些死角不好处理，利用绿植往往会起到意想不到的效果，如在楼梯下方、墙转角处等。在绘制绿植时要注意植物的生长规律，以及叶子的造型特征、转折变化和相互之间的穿插关系。还要注意叶子的疏密、虚实关系梳理，如图 2-36 和图 2-37 所示。

图 2-36 绿植线描手绘 邓蒲兵 作

叶子穿插关系

阔叶

针叶

叶子的疏密关系处理

图 2-37 绿植线描手绘 曾小慧 作

⑨ 陈设品与工艺品线描手绘示范。

　　陈设品与工艺品可以增添室内的艺术氛围和情趣，活跃空间环境。陈设品与工艺品线描绘制时要理解其自身的造型特点和艺术特色，力求多方位、多样化和多角度对其进行表现，如图 2-38 和图 2-39 所示。

图 2-38 陈设品与工艺品线描手绘 曾小慧 作

图 2-39　陈设品与工艺品线描手绘　王姜、杨健　作

（4）家具与陈设组合线描手绘。

　　画家具与陈设组合时，首先要从组合的样式和从属关系方面来分析画面的布局，要明确主次关系，如客厅沙发组合应以沙发为中心，茶几、边几、绿植和陈设品为从属。卧室床头组合以床和枕头为中心，床头柜、台灯、挂画和陈设品为从属等。其次，要表现出组合的空间关系，前景、中景和后景相辅相成。作品如图2-40～图2-44所示。

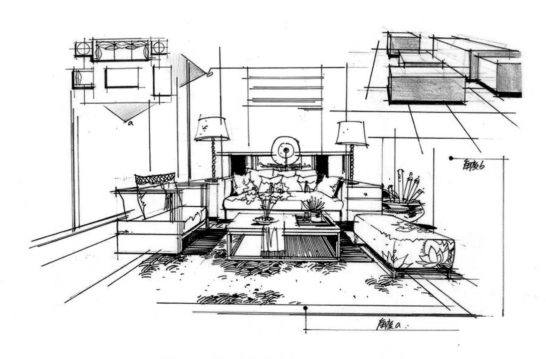

图2-40　家具与陈设组合线描手绘　邓文杰　作

图 2-41 家具与陈设组合线描手绘 曾小慧 作

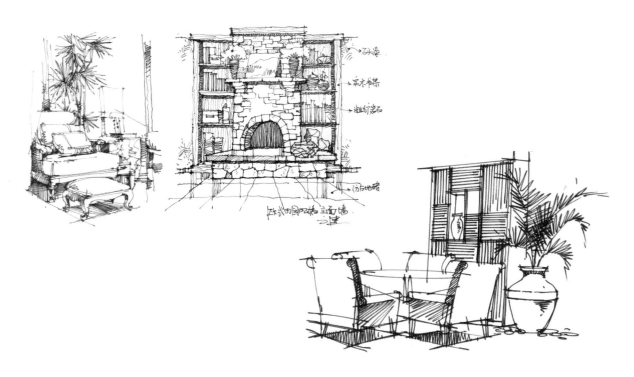

图 2-42 家具与陈设组合线描手绘 文健 作

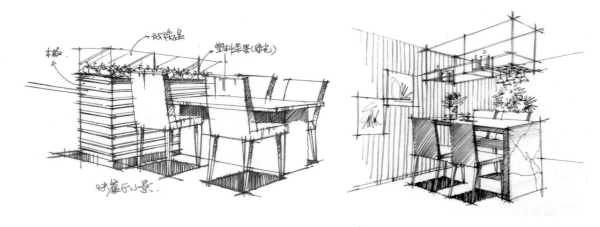

图 2-43 家具与陈设组合线描手绘 文健 作

图 2-44 家具与陈设组合线描手绘 连柏慧 作

三、学习任务小结

通过本次学习，同学们初步了解了室内单体家具以及组合家具和陈设线描手绘表现的画法。同学们要通过大量的临摹练习，熟练掌握室内家具与陈设的手绘绘制表现方法和技巧，力图快速而准确地表现对象的形体特征和不同的质感。下次课老师会展示优秀作业。

四、课后作业

（1）同学们利用课余时间收集家具和陈设手绘图，建立自己的资料库。

（2）绘制单体家具和陈设线描手绘图至少 9 张，A4 幅面，每张至少 8 个单体。

（3）绘制家具与陈设组合线描手绘图至少 5 张，A4 幅面。

学习任务

二 室内家具与陈设着色手绘训练

教学目标

（1）专业能力：对室内家具与陈设的着色技巧进行分析和理解，掌握色彩的搭配方式和色彩工具的运用技巧。

（2）社会能力：通过对室内家具与陈设的着色手绘训练，提高色彩的搭配能力，学会归纳和总结色彩表现规律，提升色彩绘制能力。

（3）方法能力：分析与理解能力，色彩表现能力。

学习目标

（1）知识目标：熟练掌握室内家具与陈设的着色表现方法和技巧。

（2）技能目标：能够快速而准确地表现室内家具与陈设的色彩关系。

（3）素质目标：能通过对着色不同工具的训练，丰富设计语言，提高色彩创新能力。

教学建议

1. 教师活动

（1）教师通过前期收集的室内家具和陈设优秀色彩手绘图片展示和视频播放，提高学生对手绘着色的直观认识。同时，运用多媒体课件、教学视频、现场示范等多种教学手段，讲授室内家具与陈设着色的学习要点和绘画技巧，指导学生进行手绘着色的绘制练习。

（2）教师利用实物投影仪做课堂手绘示范，让学生直观感受室内家具与陈设着色的绘制步骤、流程和方法。

2. 学生活动

（1）学生按照教学要求进行课堂练习，老师巡回指导。

（2）学生应了解着色工具的使用方法和技巧，多加练习，熟能生巧。

（3）学生多收集室内家具与陈设的着色素材，并根据这些素材进行临摹练习。

一、学习问题导入

　　各位同学，今天我们来学习室内家具与陈设着色手绘训练。我们将从室内单体家具与陈设着色手绘训练开始，逐步过渡到室内组合家具与陈设着色手绘训练。之前，我们已经学习了室内家具与陈设的线描手绘表现方法。但是，线描表现只能体现线条的美感，而室内家具与陈设的色彩、材质和光感的表达需要通过上色来实现。我们一起来学习室内家具与陈设的着色表现方法和技巧。如图 2-45 和图 2-46 所示，大家注意观察室内家具与陈设如何用色彩手绘的方式表现。

图 2-45 室内家具与陈设着色表现 学生作品

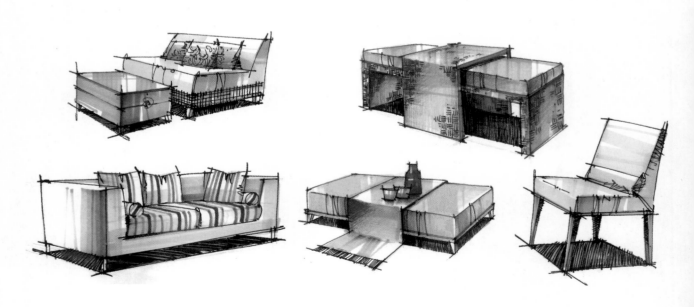

图 2-46 室内家具与陈设着色表现 文健 作

二、学习任务讲解

1. 学习任务准备

（1）教学准备：优秀室内家具与陈设着色手绘表现图片案例集、室内家具与陈设着色手绘表现视频。

（2）学习用具准备：铅笔、橡皮、A4绘图纸、针管笔或钢笔、直尺、马克笔、彩色铅笔、涂改液。

（3）学习课室准备：专业绘图室、多媒体设备、实物投影仪。

（4）建议学时：8课时。

2. 学习任务讲解与示范

（1）着色工具简介。

室内家具与陈设手绘着色主要使用的工具是马克笔和彩色铅笔。马克笔笔头宽大、较粗，笔尖可画细线，笔的斜面可画粗线，马克笔就是通过线面结合的笔触来表达画面色彩效果。目前市场上较为畅销的马克笔品牌有韩国的"My Color"和美国的"PRISMA"。马克笔和彩色铅笔工具简介如图2-47～图2-54所示。

马克笔根据其化学成分可以分为水性、油性和酒精性三种，其中油性笔最常用。油性马克笔色彩较透明，覆盖力强，色彩层次丰富，笔触方正，刚直有力，有较强的视觉冲击力。马克笔主要通过逐层叠加色彩来实现色彩的深浅层次变化，并且可以与彩色铅笔混合作画，实现色彩的协调和过渡。

彩色铅笔笔头较细、柔软，笔触细腻，色彩层次丰富，着色过渡自然，适合处理较精细的画面效果。彩色铅笔主要通过分组排线和色彩叠加来表达画面色彩效果。目前市场上较为畅销的彩色铅笔品牌有德国的"辉伯嘉"、意大利的"马可"和中国的"中华"三种。这三种彩色铅笔都是水溶性彩色铅笔，可以与水混合，表现出水彩的效果，让画面更加润泽、灵动，色彩层次更加丰富。

图 2-47 马克笔和彩色铅笔

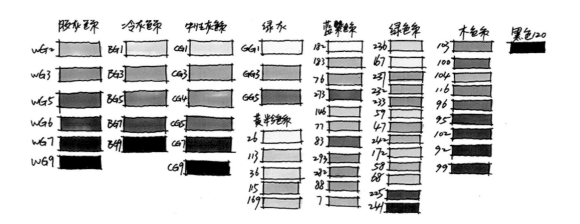

图 2-48 马克笔的色彩和编号

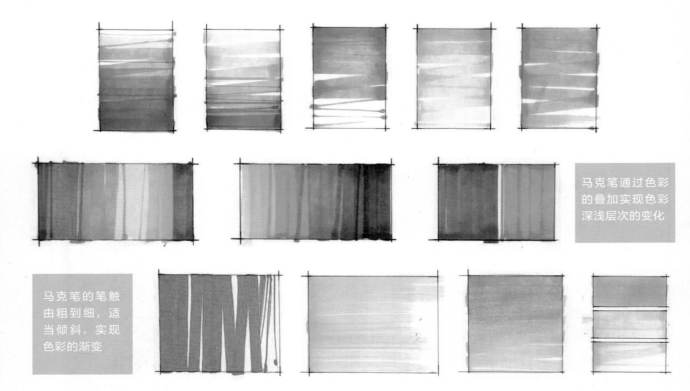

马克笔的笔触由粗到细，适当倾斜，实现色彩的渐变

图 2-49　马克笔的笔触画法

马克笔通过色彩的深浅叠加实现色彩的过渡，同时，可以混合彩色铅笔让色彩的层次过渡更加自然

图 2-50　马克笔与彩色铅笔的混合画法一

用马克笔绘制物体的底色，再用彩色铅笔描绘物体的质感，可以让画面效果更加丰富

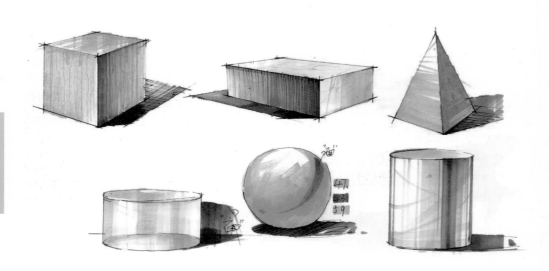

图 2-51　马克笔与彩色铅笔的混合画法二

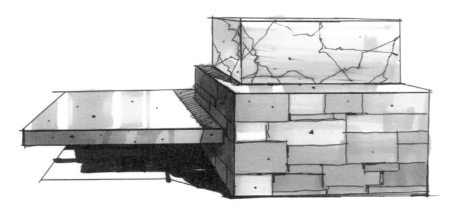

图 2-52 马克笔的石材质感画法

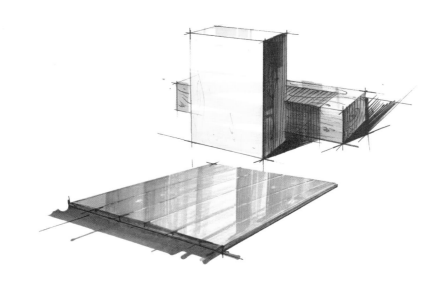

图 2-53 马克笔的木材质感画法

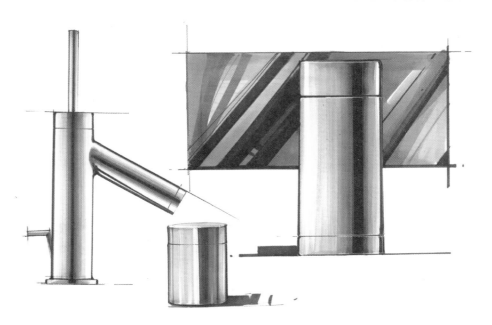

图 2-54 马克笔的不锈钢质感画法

（2）室内家具与陈设着色手绘示范。

① 沙发着色手绘示范步骤。

步骤一：绘制沙发与茶几线描。注意两者之间的比例和透视关系，以及前后的空间关系。同时，还要表现出家具的立体感和质感。

步骤二：茶几着色。先画前景的茶几，用木色马克笔，按照马克笔的笔触排列规范，将茶几的固有色表现出来。

步骤三：沙发着色。将沙发的固有色表现出来，注意沙发明暗关系的刻画。

步骤四：整体调整画面效果。将靠垫、陈设品等配景表现出来，可以用偏冷的色彩绘制。最后，用彩色铅笔画出光感和沙发的层次感。

沙发着色手绘示范步骤如图 2-55 所示。

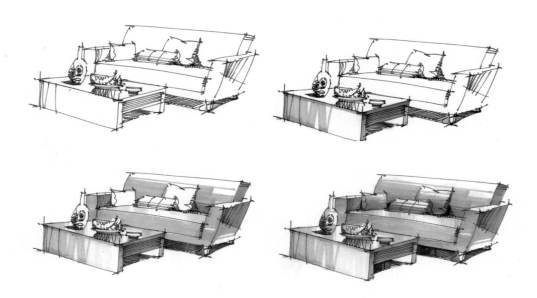

图 2-55 沙发着色手绘示范步骤　文健　作

② 茶几着色手绘示范步骤。

步骤一：茶几的侧光面和背光面着色。用中灰木色的马克笔绘制茶几的侧光面，用深灰木色的马克笔绘制茶几的背光面。注意马克笔笔触不要过界，笔触之间要衔接自然。

步骤二：茶几受光面着色。用浅灰木色的马克笔绘制茶几的受光面，注意高光的预留。

步骤三：布艺和绿植着色。用红色、冷灰色和绿色将布艺和绿植表现出来，注意明暗关系的处理。

步骤四：整体调整画面效果。将阴影和画面细节表现出来。

茶几着色手绘示范步骤如图 2-56 所示。

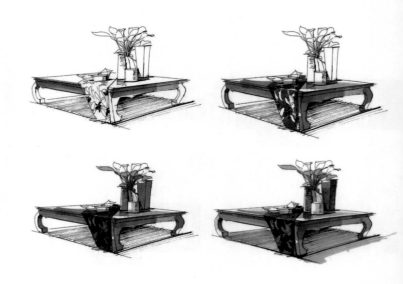

图 2-56 茶几着色手绘示范步骤　邓蒲兵　作

③ 其他室内家具与陈设着色手绘示范步骤如图 2-57 和图 2-58 所示。

图 2-57 欧式沙发着色手绘示范步骤 施平 作

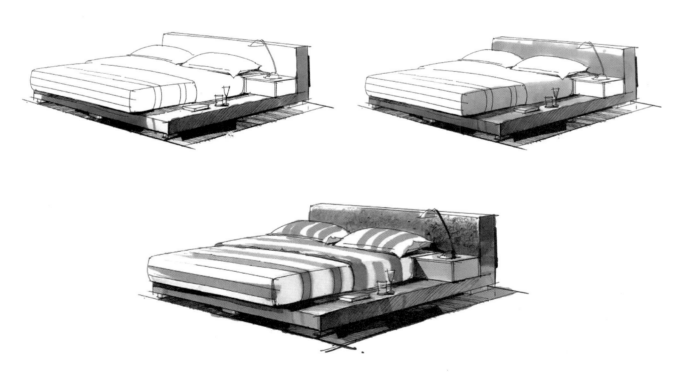

图 2-58 床着色手绘示范步骤 邓蒲兵 作

（3）优秀室内家具与陈设着色手绘表现图赏析如图2-59～图2-73所示。

表现室内家具组合时要注意突出视觉中心。处于视觉中心的家具要重点刻画，丰富其质感、光感和细节。使之成为画面的焦点。处于非中心的背景，则以大块面的笔触简单表现即可。此外，在色彩关系上，处于视觉中心的家具和陈设色彩可以适当鲜艳一些，使之更引人注目。而处于背景的衬托色彩则应该尽量灰暗一些，达到主次分明的效果

十字格沙发的绘制首先需要用一支浅色的马克笔做底色，然后再用一支相对深一点颜色的马克笔绘制十字格图案

图2-59 优秀室内家具与陈设着色手绘表现图一 王姜 作

本组卧室及床上用品的绘制首先通过色彩的深浅和阴影效果来体现转折关系和立体感。其次，通过笔触的曲直、刚柔变化来表现布料的柔软质感。最后，通过床上用品和摆件的细节刻画来丰富画面的装饰美感

表现木料的质感用笔要快，笔触刚直有力，棱角分明

表现布料的质感用笔要有一定的弧度，体现布料的柔软质感，布料的褶皱处可以用细腻的笔触表现

图2-60 优秀室内家具与陈设着色手绘表现图二 邓蒲兵 作

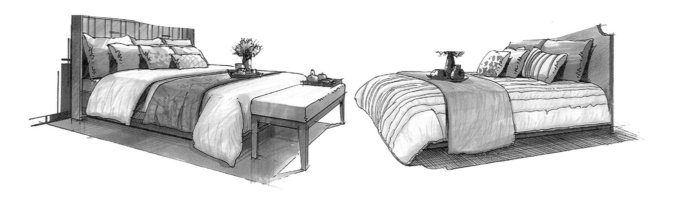

图 2-61 优秀室内家具与陈设着色手绘表现图三 邓蒲兵 作

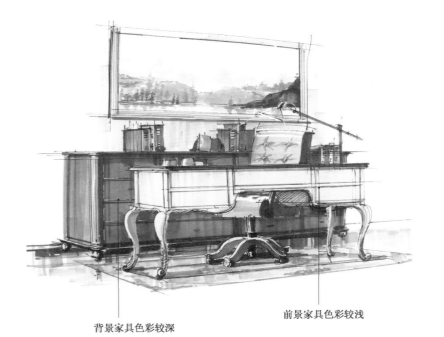

组合家具的绘制一定要注意表现出家具之间的前后空间关系，一般来说，前景的家具色彩较浅，则背景家具或陈设色彩就较深。这样可以形成较好的空间进深效果，也可以让画面效果更加明快

前景家具色彩较浅

背景家具色彩较深

图 2-62 优秀室内家具与陈设着色手绘表现图四 李国涛 作

图 2-63 优秀室内家具与陈设着色手绘表现图五 邓蒲兵 作

本组室内家具在着色时首先要明确家具的三大面明暗关系，即受光面明度最高，并适当预留高光；侧光面明度略低于受光面，以家具的固有本色为主；背光面明度最低，用固有色叠加暖灰色作为主调，并形成由深至浅的色彩渐变

侧光面　　背光面

受光面

图 2-64 优秀室内家具与陈设着色手绘表现图六 邓蒲兵 作

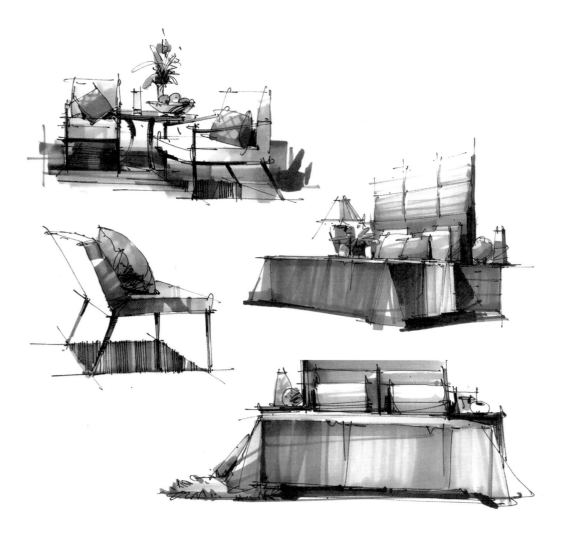

图 2-65 优秀室内家具与陈设着色手绘表现图七 施平 作

图 2-66 优秀室内家具与陈设着色手绘表现图八 王姜 作

图 2-67　优秀室内家具与陈设着色手绘表现图九　连柏慧　作

图 2-68　优秀室内家具与陈设着色手绘表现图十　沙沛、文健　作

图 2-69 优秀室内家具与陈设着色手绘表现图十一 王姜 作

图 2-70 优秀室内家具与陈设着色手绘表现图十二 王姜 作

图 2-71 优秀室内家具与陈设着色手绘表现图十三 孙志文 作

图 2-72　优秀室内家具与陈设着色手绘表现图十四　邓蒲兵　作

图 2-73　优秀室内家具与陈设着色手绘表现图十五　邓蒲兵　作

三、学习任务小结

　　通过本次学习，同学们初步了解了室内家具与陈设着色手绘表现的画法步骤和表现技巧。通过赏析优秀室内家具与陈设着色手绘表现作品，提升了同学们对其表现方式的认识。要想能够快速而熟练地使用着色工具，同学们课后应勤加练习。下次老师会挑选几个同学的优秀作业用投影仪展示给大家学习。

四、课后作业

　　（1）绘制室内家具与陈设着色手绘表现图 10 幅。

　　（2）制作室内家具与陈设着色手绘表现图 PPT20 页。

同学们可以扫描二维码
查看更多室内家具与陈设着色表现图

学习任务 三

室内空间透视手绘训练

教学目标

（1）专业能力：通过对室内空间透视原理的学习和室内空间透视的手绘训练，掌握室内空间透视手绘的表现方法与技巧。通过对合适的视点位置及构图形式的学习，了解透视点的正确选择对室内空间透视手绘表现的重要性。

（2）社会能力：独立完成室内空间透视手绘训练的学习任务，能处理绘制过程中出现的具体问题，培养学生分析和解决问题的实际能力，将设计构思用手绘的方式快速表现出来；培养与客户沟通交流的能力。

（3）方法能力：培养分析与理解能力、空间造型能力、室内空间透视手绘能力、沟通与应用能力、设计创作能力。

学习目标

（1）知识目标：理解室内空间透视的原理，熟练掌握室内空间透视的手绘表现方法和技巧，深入学习透视比例、尺度、空间、材质、气氛、色彩的具体表现方法。

（2）技能目标：能按照设计美学的要求，绘制构图合理、透视准确的室内空间透视手绘表现图。技能训练过程中学习掌握快速表现设计理念的手绘快速表达技能。

（3）素质目标：通过室内空间透视的手绘表现训练，让学生具备团队协助的综合职业能力。增强设计思维的创新能力，培养自己的综合审美能力。

教学建议

1. 教师活动

（1）提前发放课前学习任务单，上传微课视频，布置课前学习任务。在微信群与学生交流答疑。认真审阅学生的课前任务成果，发现并总结学生的问题，按照学生完成的情况，合理分组，把分组名单反馈给学生。

（2）教师给学生展示优秀室内空间透视手绘表现图，提高学生对空间手绘表现的深入认识。同时，运用多媒体课件、教学视频、现场示范等多种教学手段，讲授室内空间透视的原理、学习要点和绘画技巧，指导学生进行室内空间透视手绘表现图的绘制练习。

（3）教师利用实物投影仪做课堂手绘示范，让学生直观感受室内空间透视手绘表现图的绘制步骤、流程和方法。并引导学生利用微信公众号、网页和抖音等方式收集相关资料。

2. 学生活动

（1）认真阅读老师发放的任务单。观看微视频，通过视频学习，将老师提供的照片画出手绘线稿图。

（2）学生根据学习任务进行课堂练习，老师巡回指导。

（3）学生根据学习任务书，小组分析讨论任务要求及收集相关内容，并完成绘制任务。

一、学习问题导入

各位同学，今天我们进入室内空间透视手绘表现的训练。理解室内空间的透视原理是室内空间透视手绘表达的前提。在深入刻画空间前，我们应掌握好整体空间的透视表达。观察图 2-74～图 2-77 分别属于哪种透视类型，并找出它们的消失点。

图 2-74 一点透视示意图一

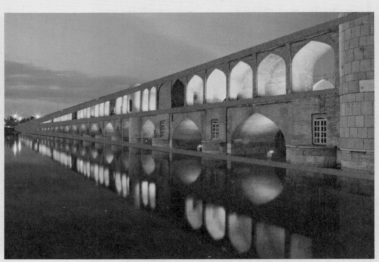

图 2-75 一点透视示意图二

图 2-76 两点透视示意图一

图 2-77 两点透视示意图二

二、学习任务讲解

1. 学习任务准备

（1）课前准备：收集室内空间透视手绘表现图的优秀作品，并进行讲解分析，收集相关微视频，布置课前学习任务。

（2）学习用具准备：自动铅笔、橡皮、A4 绘图纸、针管笔或钢笔、平行尺、直尺、马克笔、彩色铅笔。

（3）学习课室准备：专业绘图室、多媒体设备、实物投影仪。

（4）建议学时：4 课时。

2. 学习任务讲解与示范

（1）透视的原理。

透视即透过透明的平面来观看景物，并研究其形状的观察方式。透视原理就是在平面上研究如何将看到的物像按照透视规律投影成形的原理。

透视的基本原理是"近大远小"，即离得近的物体看起来体积大，离得远的物体看起来体积小。视线中的物体远到在视线中消失的时候，在视觉概念上就变成一个点。

透视的要素如下。透视原理表现图如图 2-78 所示。

① 基面（GP）：假想地面。

② 基线（GL）：假想的垂直投影面与基面交接线。

③ 画面（PP）：假想画面。

④ 立点（SP）：人站立位置。

⑤ 视距（DL）：人与画面的距离。

⑥ 视高（EL）：人的视线位置的高度。

⑦ 视点（EP）：求空间进深高度开间的侧量点。

⑧ 灭点（VP）：所有物体的延伸汇集于视平线的交点，也称消失点。

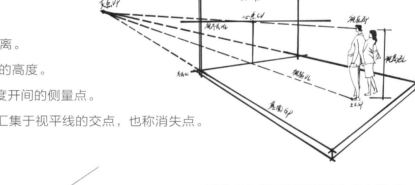

图 2-78 透视原理表现图 曾小慧 作

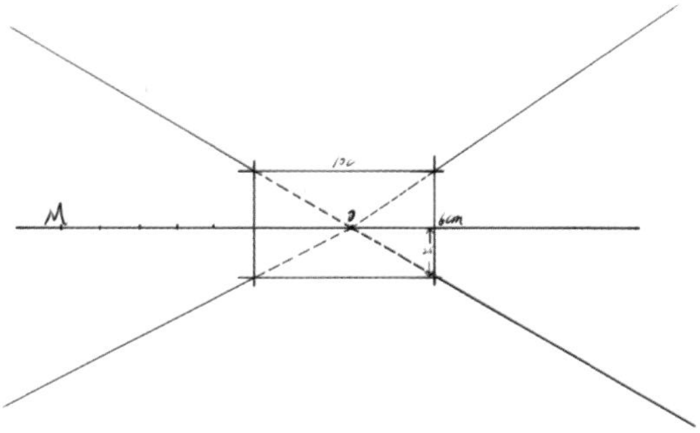

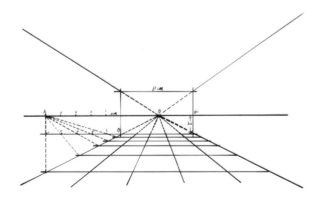

图 2-79 一点透视原理图步骤一 曾小慧 作

图 2-80 一点透视原理图步骤二 曾小慧 作

（2）透视的类型。

① 一点透视（平行透视）画法步骤分析如图 2-79 ～ 2-82 所示。

步骤一：先画水平视平线，视平线一般定在纸张的中间高度偏下一点。然后确定消失点 O，消失点 O 可以确定在视平线的中端。最后画内框，内框高 6cm，宽 10cm，如图 2-79 所示。

步骤二：在内框地面水平线上平均分出 5 段，并分别与消失点 O 连接，形成地面纵向消失线。向左延长地面水平线，每隔 2cm 取一个点，共 5 个点。再将测点 M 与这 5 个点连接，这样就在左下角的透视消失线上形成 5 个交点。沿着这 5 个交点画平行线，并与之前绘制的地面纵向消失线相交，表达地面地砖的透视关系，如图 2-80 所示。

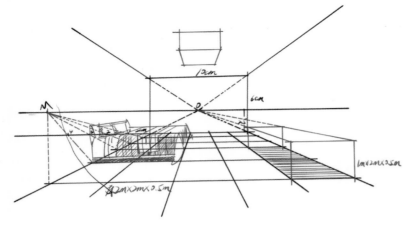

图 2-81 一点透视原理图步骤三 曾小慧 作

步骤三：以地砖的长度和宽度为参考，按照家具的尺寸绘制其在室内空间中的立体透视关系如图 2-81 所示。

采用一点透视原理绘制室内空间时，可以根据空间的需要灵活选择消失点的位置。消失点居中，则室内空间左右两面墙的造型得到对称性展现；消失点靠左，则室内空间中右面墙的造型更加突出；消失点靠右，则室内空间中左面墙的造型更加突出。室内空间一点透视框架练习如图 2-82 所示。

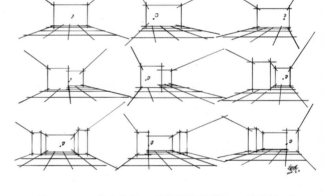

图 2-82 室内空间一点透视框架练习 曾小慧 作

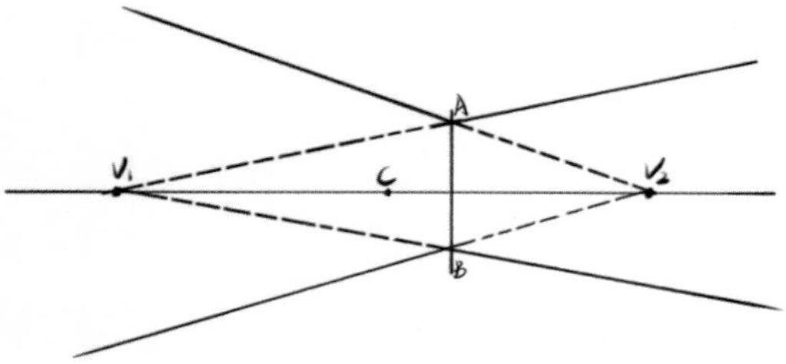

② 两点透视（成角透视）画法步骤分析如图 2-83 ~ 图 2-87 所示。

步骤一：先画出水平视平线，视平线一般定在纸张的中间高度偏下一点，然后确定左右两个消失点 V_1 和 V_2。V_1 的位置一般在室内真高线段 AB 长度的 2.5 倍处，V_2 的位置一般在室内真高线段 AB 长度的 1.5 倍处。然后将 V_1 和 V_2 分别与 A 和 B 连接，画出室内空间的透视线，如图 2-83 所示。

步骤二：将 V_1 至 V_2 的线段平分，找出中点 C。以点 C 为圆心，线段 CV_2 为半径画圆，与 AB 线段的延长线交汇于点 O，如图 2-84 所示。

步骤三：以 V_1 为圆心，线段 V_1O 为半径画圆，与视平线交汇于点 M_2；以 V_2 为圆心，线段 V_2O 为半径画圆，与视平线交汇于点 M_1。点 M_1 和点 M_2 就是室内两点透视空间的测点，如图 2-85 所示。

图 2-83 两点透视原理图步骤一 曾小慧 作

步骤四：沿着点 B 画水平线，并以点 B 为中心，分别在左段和右段的水平线上每 2cm 定一个点，共得到 10 个点。然后经过测点 M_1 和 M_2 分别与这 10 个点连接，与地面消失线分别交汇于墙角线，如图 2-86 所示。

步骤五：V_1 和 V_2 两个消失点分别与墙角线上的点连接，就可以将室内空间的地砖表现出来。如需表现家具，则可以根据家具的尺寸和家具在空间中的位置来确定，如图 2-87 所示。

采用两点透视原理绘制室内空间时，可以根据绘制的需要灵活选择消失点的高度。消失点高一些，则室内空间呈现俯视效果；消失点低一些，则室内空间呈现仰视效果。室内空间两点透视框架练习如图 2-88 所示。

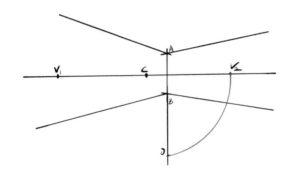

图 2-84 两点透视原理图步骤二 曾小慧 作

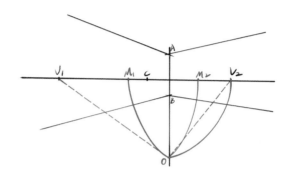

图 2-85 两点透视原理图步骤三 曾小慧 作

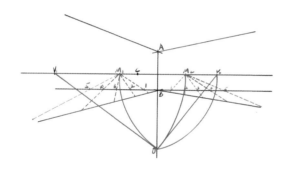

图 2-86 两点透视原理图步骤四 曾小慧 作

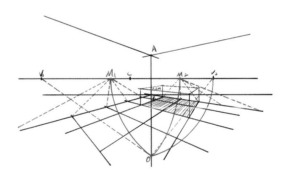

图 2-87 两点透视原理图步骤五 曾小慧 作

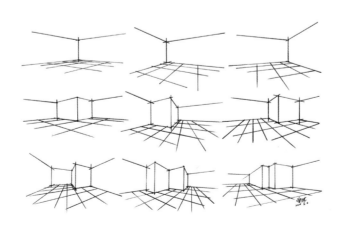

图 2-88 室内空间两点透视框架徒手练习 曾小慧 作

③ 一点斜透视的画法步骤分析如图 2-89 ~ 图 2-91 所示。

步骤一：先画水平线，再画内框，内框高 6cm，长 10cm。确定消失点 O，消失点稍微偏左一点。经过消失点 O 与内框端点连接，画出室内空间的消失线，如图 2-89 所示。

步骤二：确定点 V_1，点 V_1 必须在视平线上，点 V_1 到点 O 的距离大约是线段 AD 的 2.5 倍。延长线段 CD，并在延长线上划分 5 段，每段长 2cm。将点 V_1 和均分线段的端点连接，在墙角左下角的消失线上形成 5 个交点，如图 2-90 所示。

步骤三：找出第二个消失点 V_2，点 V_2 到点 O 的距离大约是线段 BC 的 4 倍。点 V_2 一般在纸张右侧的边缘。将点 V_2 与墙角左下角的消失线上形成的 5 个交点连接，也与点 A 和点 D 连接。这样就可以画出室内空间一点斜透视的效果，如图 2-91 所示。

采用一点斜透视原理绘制室内空间，可以集合一点透视和两点透视的优点，既可以让空间比较舒展、开阔，又可以避免平行透视的呆板，让室内家具具有一定的倾斜角度，立体感更强。如图 2-92 所示。

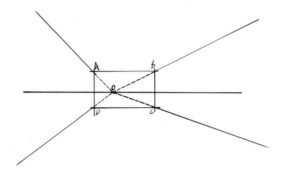

图 2-89 一点斜透视原理图步骤一 曾小慧 作

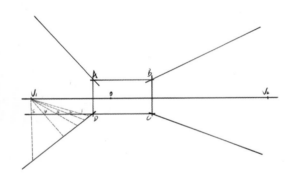

图 2-90 一点斜透视原理图步骤二 曾小慧 作

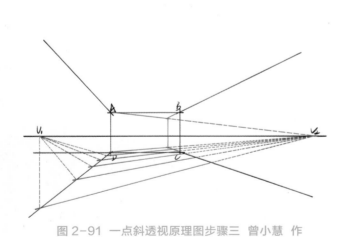

图 2-91 一点斜透视原理图步骤三 曾小慧 作

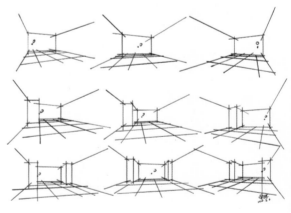

图 2-92 一点斜透视空间框架徒手练习 曾小慧 作

（3）构图形式分析。

在绘制严谨的空间透视前，我们首先要建立准确的透视概念以及合适的视点位置及构图形式。常见的构图形式分析如图 2-93 ~ 图 2-96 所示。

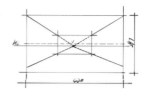 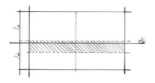 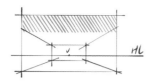

视平线（HL）在画面1/2处与1/3处是较为常见的构图位置

构图偏下：视平线及消失点在画面的位置过低所导致

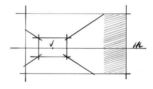 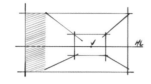 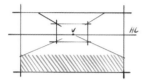

构图偏左：会造成右侧浪费空间，画面比例失衡

构图偏右：会造成左侧浪费空间，画面比例失衡

构图偏上：视平线及消失点在画面的位置过高所导致

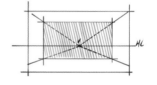 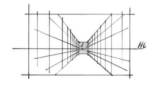 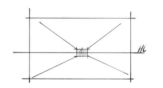

内框太大，画面缺少进深感

内框太小，画面进深感增强

内框较小，画面进深感增强

图 2-93 构图形式分析 曾小慧 作

视线高度：2m

视平线远远高于室内空间中的物体，地面的表达面积过大，家具之间的关系清晰可见，也增加了表达的难度，但是吊顶的表达却很少

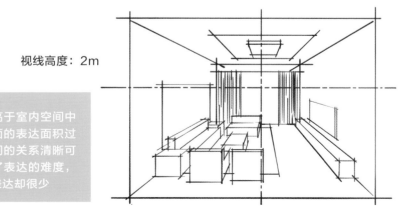

图 2-94 视平线高低分析图一 曾小慧 作

视平线位于室内空间的适中位置，地面吊顶的表达和变化较小，空间中个立面和造型的表达一致

视线高度：1.5m

视平线稍高于家具平面高度，减少地面和家具的表达，增加顶面设计的表现空间，更好地表现较为复杂的墙面和吊顶设计

视线高度：1m

图 2-95 视平线高低分析图二 曾小慧 作

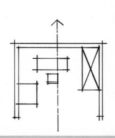

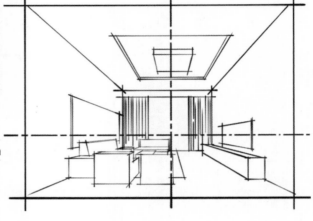

成人的视高一般在 1.6 ～ 1.7m，与我们每天日常感受相适应，因此在空间的表达中最常见

鸟瞰的视高适合对事物的整体和全局的把握，这种观察方式作为一种表达手段，主要适用于表现出复杂的组合物体

图 2-96 视平线高低分析图三 曾小慧 作

（4）一点透视室内空间手绘表现图示范。

步骤一：画出内墙的宽和高，然后定好视平线和消失点，建立框架。连接消失点和内墙墙角，画出室内空间的天花、地面消失线，如图 2-97 所示。

步骤二：按照透视关系画出墙面造型的横向线和竖向线，画出家具的投影轮廓，如图 2-98 所示。

步骤三：根据家具的投影轮廓竖向垂直画出家具的高度，将家具的整体轮廓刻画出来，如图 2-99 所示。

步骤四：根据家具的整体轮廓，画出家具的细节以及室内空间陈设，如靠垫、电视、绿植、果盘、挂画等，注意家具与陈设的透视、比例关系和质感特点，如图 2-100 所示。

步骤五：画出墙面造型的细节和光影效果以及地面的光感和地毯。整体处理画面的虚实关系，如图 2-101 所示。

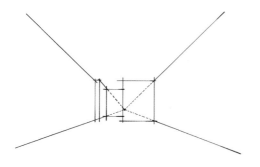

图 2-97 一点透视室内空间手绘表现步骤一 曾小慧 作

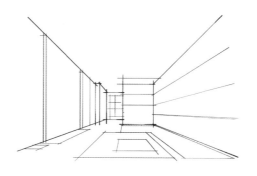

图 2-98 一点透视室内空间手绘表现步骤二 曾小慧 作

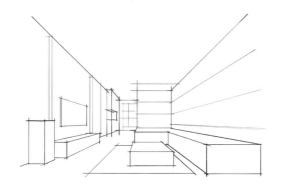

图 2-99 一点透视室内空间手绘表现步骤三 曾小慧 作

图 2-100 一点透视室内空间手绘表现步骤四 曾小慧 作

图 2-101 一点透视室内空间手绘表现步骤五 曾小慧 作

（5）优秀室内空间透视手绘表现图如图 2-102 ~ 图 2-104 所示。

图 2-102 室内空间透视手绘表现图 曾小慧 作

图 2-103 室内空间透视手绘表现图 施平 作

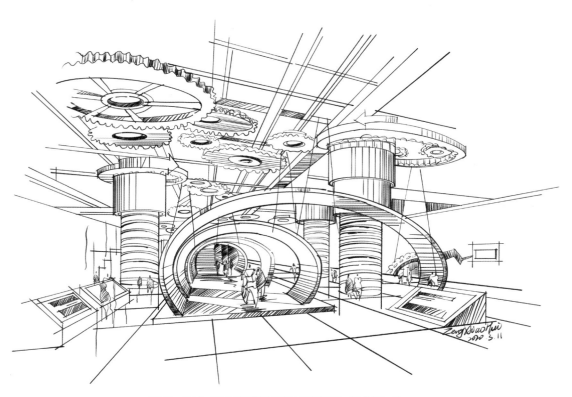

图 2-104 室内空间透视手绘表现图 曾小慧 作

三、学习任务小结

通过本次学习，同学们已经初步了解了室内空间透视的原理。只有通过大量的临摹练习和观看优秀手绘作品绘画视频，同学们才可以熟练掌握室内空间透视手绘表现图的绘制方法和技巧。手绘技法是室内设计师沟通的桥梁和媒介。快速地完成手绘表达，需要同学们的不懈努力。下次课老师会挑选几个同学的优秀作业用投影仪展示给大家学习。课后，老师会把一些优秀的范画作品以压缩包的形式发给同学们。

四、课后作业

（1）同学们利用课余时间收集优秀室内空间透视手绘表现图，进行临摹分析学习。

（2）在 A3 绘图纸上绘制一点透视、两点透视和一点斜透视手绘表现图各 2 张。

项目三

居住空间室内设计手绘效果图表现训练

客厅空间手绘效果图表现训练

教学目标

（1）专业能力：能认识客厅手绘表现技法；能绘制出客厅空间手绘表现图；能根据客厅效果图利用手绘的方式快速表达；能根据客厅平面布置图完成客厅空间透视图。

（2）社会能力：能根据平面图快速完成客厅方案草图设计，并利用方案草图与客户沟通。沟通过程中，能根据客户的需求快速完成客厅效果的绘制，并最终确定设计方案。

（3）方法能力：绘制能力、设计能力、沟通与应用能力。

学习目标

（1）知识目标：学习空间透视与家具之间的关系、马克笔的技法表达、点线面的形态构成要领、二维点线面构成设计图的绘制方法。

（2）技能目标：快速完成客厅方案草图设计。

（3）素质目标：能学会客厅空间手绘效果图的学习要点，通过图纸绘制，具备沟通讨论方案的能力和团队协作的综合职业能力。

教学建议

1. 教师活动

（1）教师通过展示各类型客厅效果图片，提高学生对客厅空间表现的直观认识。

（2）教师运用多媒体课件、教学视频等多种教学手段，利用实物投影仪，示范客厅手绘空间效果图绘制步骤及马克笔技法。

（3）教师示范之后，指导学生进行客厅手绘空间效果图的绘制，并引导学生利用微信公众号、网页的方式收集相关信息。

2. 学生活动

（1）学生认真学习老师展示的客厅空间手绘效果图的案例，并记录老师在示范客厅空间手绘效果图绘制时的学习要点。

（2）学生根据客厅设计任务书、小组分析讨论任务要求及收集相关资料，并完成绘制任务。

一、学习问题导入

各位同学，今天我们来学习客厅空间手绘效果图表现技法。在谈单过程中采用手绘的方式辅助可以达到事半功倍的效果。好的手绘表现不仅可以体现出设计师良好的艺术修养，使其获得客户的信赖，而且图形语言可以更直观地将设计师的意图传达给客户。

现在我们来分析客厅空间手绘表现图的装饰要素。从图 3-1 中我们看到，客厅空间主要的装饰包括墙面造型、天花样式和地面铺贴，以及沙发组合、茶几、灯具、电视柜、窗帘、摆件等软装饰元素。这些元素共同构成了客厅空间的效果，在进行客厅空间手绘效果图绘制时，就要将上述元素快速准确地表达出来。

图 3-1 客厅空间手绘表现图

二、学习任务讲解

1. 客厅沙发手绘表现

表现客厅空间要先掌握沙发组合的绘制方法，重点是掌握沙发的结构、透视、比例和尺寸等基本要素，如图 3-2 和图 3-3 所示。

图 3-2 客厅平面和沙发组合表现

图 3-3 客厅沙发组合表现 连柏慧 作

2. 客厅空间手绘效果图表现示范

步骤一：画纸中按照比例要求和空间布局的需要确定内墙面的长度和宽度，在内墙面离地约三分之一处绘制视平线。然后在视平线上确定消失点，并将消失点和内墙的四个分界点进行连线，根据透视原理画出室内墙面、地面和天花的分界线，如图3-4所示。

步骤二：将内墙的进深空间关系进行细化，同时，用阴影确定客厅内主要家具的大小和透视比例关系，如图3-5所示。

步骤三：根据空间透视比例关系将家具的轮廓、电视背景墙造型和天花造型绘制出来，如图3-6所示。

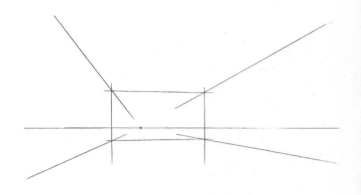

图3-4 客厅空间手绘效果图示范步骤一
施平 作

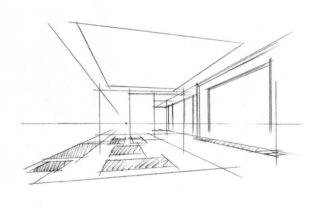

图3-5 客厅空间手绘效果图示范步骤二
施平 作

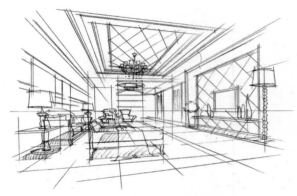

图3-6 客厅空间手绘效果图示范步骤三
施平 作

步骤四：在铅笔草图绘制的基础上勾画钢笔线稿，注意细节造型和材料质感的表现，如图3-7所示。

步骤五：用钢笔将空间的光感、阴影和材料质感表现出来，注意线条的生动性，如图3-8所示。

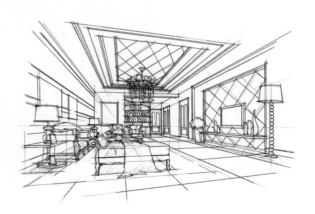

图3-7 客厅空间手绘效果图示范步骤四
施平 作

图3-8 客厅空间手绘效果图示范步骤五
施平 作

步骤六：用马克笔将客厅空间的色彩绘制出来。墙面、地面和天花用冷灰色着色，光影处形成冷灰色由浅到深的渐变层次。沙发和贵妃椅用暖灰色着色，要表现出沙发和贵妃椅的立体感。天花和电视背景墙的灰镜用灰蓝色结合冷灰色着色，注意表现出镜面的反射效果。最后用黄色彩色铅笔表现灯光照射效果，如图3-9所示。

图 3-9 客厅空间手绘效果图示范步骤六 施平 作

3. 客厅空间快题设计作品展示

客厅空间快题设计作品展示如图 3-10 和图 3-11 所示。

图 3-10 客厅空间快题设计 邓浦兵 作

图 3-11 客厅空间快题设计 邓文杰 作

4.优秀客厅空间手绘效果图作品展示

优秀客厅空间手绘效果图作品展示如图 3-12 ~图 3-16 所示。

图 3-12 中式风格客厅空间手绘效果图 连柏慧 作

图 3-13 现代风格客厅空间手绘效果图 邓蒲兵 作

图 3-14 现代风格客厅空间手绘效果图 陈红卫 作

图 3-15 现代风格客厅空间手绘效果图 学生作品

图 3-16 现代风格客厅空间手绘效果图 梁志天 作

三、学习任务小结

　　通过老师的课堂示范和同学们的课堂练习，大家已经初步了解客厅空间手绘效果图的表现技法。课后同学们要多收集各种风格的客厅空间手绘效果图，并通过临摹学习优秀作品的表现手法和技巧。

四、课后作业

（1）每位同学收集 10 幅客厅空间手绘效果图。

（2）完成 2 幅不同风格的客厅空间手绘效果图。

同学们可以扫描二维码
查看更多客厅空间手绘效果图

学习任务 二 主卧室空间手绘效果图表现训练

教学目标

（1）专业能力：能掌握主卧室空间手绘效果图表现的绘制方法；能绘制出主卧室空间手绘效果图；能参照主卧室空间设计图绘制手绘快速表现图；能根据平面布置图完成主卧室空间手绘效果图表达。

（2）社会能力：能根据平面布局快速绘制主卧室空间手绘概念草图方案，并利用概念草图方案与客户沟通。能根据客户的具体的需求，快速地创作主卧室空间手绘效果图，并最终确定方案设计。

（3）方法能力：手绘表现能力、设计创作能力、沟通与协调能力。

学习目标

（1）知识目标：学习主卧室空间界面与家具之间的尺寸比例关系、手绘的表现技巧。

（2）技能目标：能快速、准确地完成主卧室空间手绘效果图。

（3）素质目标：学习有关主卧室空间手绘效果图表现的学习要点，并加以思考、记录；通过图纸绘制培养沟通讨论方案的能力。

教学建议

1. 教师活动

（1）教师展示主卧室空间手绘效果图表现作品，提高学生对主卧室空间手绘效果图表现的直观认识。

（2）教师运用多媒体课件、教学视频等多种教学手段示范主卧室空间手绘效果图表现的绘制步骤。

（3）教师完成课堂示范后，巡回指导学生进行主卧室空间手绘效果图的绘制，并引导学生利用微信公众号、网页的方式收集相关信息。

2. 学生活动

（1）学生认真学习老师展示的主卧室空间手绘效果图表现的案例，并记录老师在示范主卧室空间手绘效果图绘制时的学习要点。

（2）学生根据主卧室空间设计任务书，小组分析讨论任务要求及收集相关资料，并完成绘制任务。

一、学习问题导入

各位同学，今天我们来学习主卧室空间手绘效果图表现技法。作为室内设计行业的从业者，需要培养快速手绘表现能力，利用手绘的方式快速表达设计构思和方案，锻炼手、眼、脑协调处理的能力。

现在我们来分析主卧室空间手绘效果图的设计要素。从图 3-17 中我们看到，主卧室空间的装饰包括主卧背景墙的墙面造型、天花样式和地面铺贴，以及床组合、床头柜、灯具、电视柜、窗帘、摆件等软装饰元素。这些元素共同构成了主卧室空间的装饰效果，在进行主卧室空间手绘效果图绘制时，应将上述元素快速、准确、生动地表达出来。

图 3-17　主卧室空间手绘表现图　学生作品

二、学习任务讲解

1. 床组合手绘表现

表现主卧室空间要先掌握床组合的绘制方法，重点是掌握床的结构、透视、比例、尺寸、线条和色彩等基本要素，如图 3-18 所示。

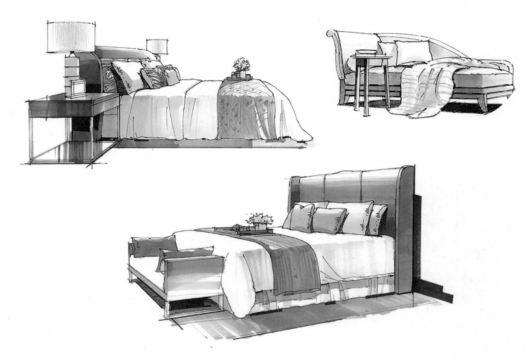

图 3-18 主卧室床组合手绘表现

2. 主卧室空间手绘效果图表现线稿示范

步骤一：在画纸中按照空间的尺寸要求，确定空间墙面。空间长 5m，房高 3m，空间高度平均分出三份，在 1/3 处确定视平线，确定消失点的位置。根据空间透视原理，沿着墙面四个角分别画出空间一点透视其他两面墙体、天花、地面以及地砖，如图 3-19 所示。

步骤二：根据主卧室平面的位置完成空间组合家具的绘制。注意家具的透视比例关系。线条要简洁、清晰，重点勾画家具的大轮廓，忽略细节，如图 3-20 所示。

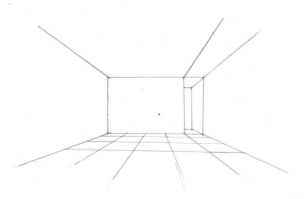

图 3-19 主卧室空间框架透视 魏燕 作

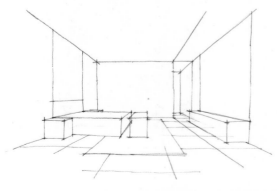

图 3-20 主卧室空间家具长方体表现 魏燕 作

步骤三：根据家具的大轮廓，刻画家具和墙面、天花造型的细节材质和阴影。注意画面的均衡和视觉中心的细致刻画，如图 3-21 所示。

图 3-21 主卧室空间材质细节刻画 魏燕 作

3. 主卧室空间手绘效果图表现作品展示

主卧室空间手绘效果图表现作品展示如图 3-22 ~ 图 3-29 所示。

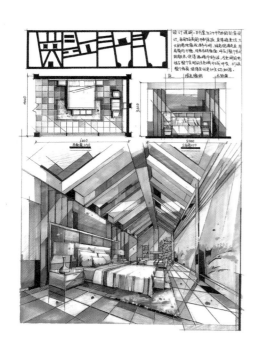

图 3-22 主卧室空间手绘效果图表现一
学生作品

图 3-23 主卧室空间手绘效果图表现二 施平 作

图 3-24 主卧室空间手绘效果图表现三 施平 作

图 3-25　主卧室空间手绘效果图表现四　邓文杰　作

图 3-26　主卧室空间手绘效果图表现五　王严均　作

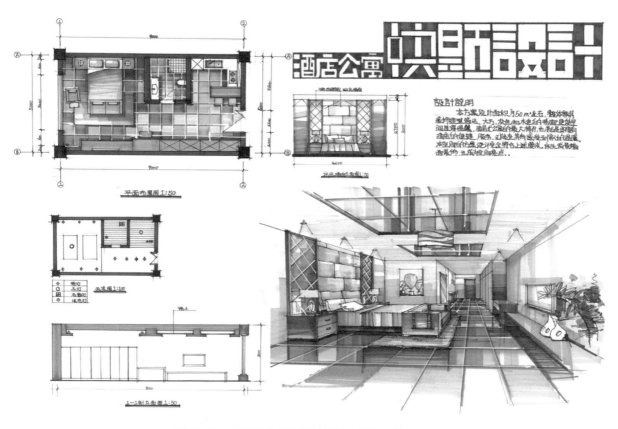

图 3-27 主卧室空间手绘效果图表现六 学生作品

图 3-28 自然风格主卧室空间手绘效果图表现 杨风雨 作

图 3-29　新中式风格主卧室空间手绘效果图表现　学生作品

三、学习任务小结

　　通过本次学习，同学们初步了解主卧室空间手绘效果图的表现技法，基本掌握了各种风格的主卧室空间手绘表现的方法和步骤。手绘表现是室内设计师与客户沟通的桥梁，也是室内设计师进行设计方案前期构思和推敲的必备技能。同学们要加强手绘的表达与训练。

四、课后作业

　　（1）每位同学收集 10 幅主卧室空间手绘效果图表现作品。
　　（2）完成 2 幅不同风格的主卧室空间手绘快题设计表现。

同学们可以扫描二维码
查看更多主卧室空间手绘效果图表现作品

餐厅空间手绘效果图表现训练

教学目标

（1）专业能力：能掌握餐厅空间手绘效果图表现的绘制方法和技巧；能绘制出餐厅空间手绘效果图表现作品；能根据餐厅平面布置图绘制出餐厅空间手绘效果图。

（2）社会能力：能快速勾画出餐厅空间手绘概念草图方案，并能利用手绘概念草图方案与客户进行设计沟通。

（3）方法能力：手绘表现能力、设计构思和创作能力、沟通与应用能力。

学习目标

（1）知识目标：餐厅空间手绘效果图表现的画法步骤和优秀作品赏析要点。

（2）技能目标：能快速、准确地完成餐厅空间手绘效果图表现作品的绘制。

（3）素质目标：能领会餐厅空间手绘效果图表现的绘制要点，并具备设计方案讨论和沟通的能力。

教学建议

1. 教师活动

（1）教师通过前期收集的餐厅空间手绘效果图表现作品图片的展示与分析，提高学生对餐厅空间手绘效果图表现的直观认识。

（2）教师运用实物投影仪等多媒体教学手段，利用实物投影仪，示范餐厅空间手绘效果图表现的绘制步骤。

（3）教师示范后巡回指导学生进行餐厅手绘空间手绘效果图的绘制练习，并引导学生进行作品的互评。

2. 学生活动

（1）学生认真听取老师展示的餐厅空间手绘效果图表现的案例，并记录老师绘制餐厅空间手绘效果图的学习要点。

（2）学生进行餐厅空间手绘效果图表现的课堂练习，并总结绘制的方法和技巧。

一、学习问题导入

各位同学，今天我们来学习餐厅空间手绘效果图表现技法。首先我们来了解餐厅的功能和性质。餐厅主要是家人日常用餐与宴请亲友聚餐的场所。此外，餐厅也兼具待客、休闲、交流等其他功能，是居住空间中必需的功能空间。餐厅位置一般设在厨房与客厅之间。餐厅空间的布局根据室内空间的大小和功能需求可以分为独立式餐厅、餐厅与厨房相连式和餐厅与客厅相连式三种布局形式。在练习中，需要同学们根据餐厅空间的不同样式灵活运用表现技法来处理空间形态。

现在我们来分析餐厅空间手绘效果图需要掌握哪些要素。从图 3-30 中我们可以看到，餐厅空间的装饰包括背景墙的墙面造型、天花样式、地面铺贴，以及餐桌、餐椅、餐边柜、摆件等软装饰元素。这些元素共同构成了餐厅空间的装饰效果，在进行餐厅空间手绘效果图绘制时，就要将上述元素快速、准确、生动地表达出来。

二、学习任务讲解

1. 餐桌组合手绘表现

表现餐厅空间要先掌握餐桌组合的绘制方法，重点是掌握餐桌、餐椅和酒柜的结构、透视、比例、尺寸、线条和色彩搭配等基本要素，如图 3-31 所示。

图 3-30 餐厅空间手绘表现图 连柏慧 作

图 3-31 餐厅平面图和餐桌组合表现 吴世铿 作

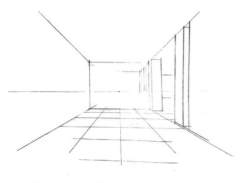

图 3-32 空间框架透视 魏燕 作

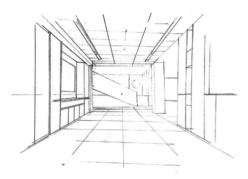

图 3-33 墙体（酒柜）造型刻画 魏燕 作

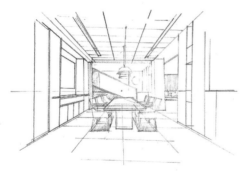

图 3-34 餐厅家具表现 魏燕 作

2. 餐厅空间手绘效果图表现示范

步骤一：先确定墙面的位置和墙面尺寸，墙面长 4m，高 3m，在墙面高度 1m 处确定视平线，消失点定在墙中心处。根据空间透视原理，沿着墙面四个角分别画出空间一点透视线，将其他两面墙体（酒柜）、天花、地面、隔断，以及地砖表现出来，如图 3-32 所示。

步骤二：根据平面布局完成酒柜和楼梯的绘制。墙体（酒柜）的装饰造型和透视关系如图 3-33 所示。

步骤三：根据平面布局绘制出餐厅家具，组合家具的结构、比例、透视关系以及线条如图 3-34 所示。

步骤四：根据铅笔线稿绘制钢笔线条，注意家具与界面的比例关系，以及家具和墙面、天花造型的细节材质和阴影，应注意突出画面的视觉中心，如图 3-35 所示。

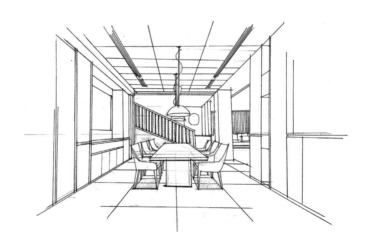

图 3-35 餐厅空间手绘线稿图 魏燕 作

3. 餐厅空间快题设计作品展示

餐厅空间快题设计作品展示如图 3-36 ～图 3-39 所示。

图 3-36 餐厅空间快题设计作品一 学生作品

图 3-37 餐厅空间快题设计作品二 学生作品

图 3-38 餐厅空间快题设计作品三 学生作品

图 3-39 餐厅空间快题设计作品四 学生作品

4. 餐厅空间手绘效果图作品展示

餐厅空间手绘效果图作品如图 3-40 ~ 图 3-45 所示。

图 3-40 中式风格餐厅空间手绘效果图 伍华君 作

图 3-41 现代风格餐厅空间手绘效果图 陈红卫 作

图 3-42 现代风格餐厅空间手绘效果图 学生作品

图 3-43 现代风格餐厅空间手绘效果图 阳展程 作

图 3-44 现代风格餐厅空间手绘效果图 赵泽超 作

三、学习任务小结

通过本次学习，同学们已经初步了解餐厅空间手绘效果图的表现技法，也学习了如何来进行设计和表现各种风格的餐厅空间。课后同学们要多收集优秀的餐厅空间手绘效果图作品，并仔细研究其表现方法和技巧，通过临摹学习好的技法。

图 3-45 现代风格餐厅空间手绘效果图 连柏慧 作

四、课后作业

（1）每位同学收集 10 幅餐厅空间手绘效果图。

（2）绘制 2 幅不同风格的餐厅空间手绘效果图。

学习任务 四

儿童卧室空间手绘效果图表现训练

教学目标

1. 专业能力

（1）能认识并绘制儿童卧室空间手绘平面图，并掌握儿童卧室空间的布置方法和设计技巧；能够通过儿童卧室空间平面图进行手绘空间效果图绘制，运用手绘形式将设计思想和设计理念表达清晰，准确表达空间关系。

（2）能通过手绘技巧训练，提高思维认识水平，推敲设计方案，从而拓展对设计的思考。能将空间透视、物体质感、光感及阴影表达明确，增强学生的动手能力。

2. 社会能力

（1）收集儿童卧室空间创意设计的案例，通过考察家具店，了解儿童家具的设计形态，通过所考察的知识分析儿童卧室空间设计，并能通过手绘图纸表述其设计意图和设计亮点。

（2）提高学生的审美能力及表现能力，培养富有创意和手绘设计技法的实战型室内设计人才，使学生具备适应专业发展需要的技术技能，满足室内设计行业和社会的岗位需求。

3. 方法能力

信息和资料收集能力，设计案例分析能力，设计表现能力。

学习目标

（1）知识目标：分析和理解儿童卧室空间设计案例，掌握儿童卧室空间手绘效果图的绘制方法和表现技巧。

（2）技能目标：能够将平面图转化为手绘草图，进行设计意图表达；能够绘制出透视准确、线条流畅、结构清晰的儿童卧室空间手绘效果图。

（3）素质目标：能够团队协作共同完成儿童卧室空间设计与展示，具备团队协作能力和一定的语言表达能力，培养综合的职业能力。

教学建议

1. 教师活动

（1）教师通过儿童卧室空间设计案例图片展示，提高学生对儿童卧室空间的直观认识。同时，运用多媒体课件、教学视频等多种教学手段，讲授儿童卧室空间的学习要点，指导学生进行儿童卧室空间手绘效果图的绘制练习。

（2）将思政教育融入课堂教学，引导学生发掘中华经典儿童典故中的设计元素，并应用到自己的儿童卧室空间手绘效果图的绘制中。

（3）教师通过对优秀手绘设计作品的展示，利用实物投影仪做课堂手绘示范，让学生直观感受儿童卧室空间手绘效果图的绘制步骤、流程和方法。

2. 学生活动

（1）学生根据教师的讲授与示范，对儿童卧室空间手绘效果图进行课堂练习。

（2）学生分组进行现场展示和讲解，训练自己的语言表达能力和沟通协调能力，促进学生自主学习、自我管理的教学模式和评价模式，突出学以致用，充分体现以学生为中心。

一、学习问题导入

各位同学，我们来学习儿童卧室空间手绘效果图表现。孩子们都想有一块属于自己的空间。同学们，回想自己的童年时光，你们想要拥有一间怎样的儿童卧室呢？

二、学习任务讲解

1. 儿童卧室空间手绘效果图设计与表现

在进行儿童卧室空间手绘效果图表现时，首先需要对儿童卧室空间的平面图和家具、陈设进行分析，了解空间的布局和功能分区，以及儿童家具的特点、墙面造型的构思、空间的色彩搭配和环境主题、氛围的营造等，再结合空间尺寸和透视比例关系绘制儿童卧室空间手绘效果图，如图 3-46 所示。

图 3-46 儿童卧室空间手绘效果图 文健 作

其次，在进行空间设计时我们要从多个方面考虑。安全性设计是儿童卧室空间极为重要的环节。由于儿童活泼好动，正处于好奇心强的阶段，容易发生意外，因此窗户应增设护栏，家具采用圆弧收边，尽量避免棱角的出现。材料也应采用绿色环保和耐用、耐磨损的建材。此外，在设计时要避免呆板、僵硬的设计，活泼有创意的设计有助于培养儿童乐观向上的性格，如图 3-47 所示。

图 3-47　儿童卧室空间手绘效果图　周迪　作

儿童卧室空间的设计原则主要有以下几点。

（1）照明设计。选择光照较好的房间作为儿童房，可以让房间拥有合适且充足的阳光，增添房间的舒适感和安全感，也有助于消除儿童独处时的恐惧感。在学习区域要设计充足的灯光照明，保证学习时房间有足够的亮度，有利于保护眼睛视力。

（2）色彩设计。儿童卧室空间的色彩以明亮、活泼、愉悦为主，色彩纯度较高，通过色彩的合理搭配，形成空间的氛围。具体设计时还要根据使用者的年龄和性别来进行搭配，如学前儿童色彩可以艳丽一些，也可以用卡通片的色彩为主调；青少年色彩可以更具个性化，女生比较喜欢粉红色、青苹果绿色，男生比较喜欢海蓝色、深绿色等。

（3）造型设计。儿童卧室空间的造型设计可以采用仿生的设计，如自然界的动植物造型样式，将树枝作为背景墙的造型，将绿色植物和红色花朵作为墙纸或墙漆图案等。儿童卧室空间还要预留展示和表现的空间，如壁面上挂一块白板或黑板，让儿童写写画画。利用展示板或在墙上加收纳板架，放置儿童图书和玩具，起到趣味展示作用等。

2. 儿童卧室空间手绘效果图示范

步骤一：用铅笔绘制出儿童卧室空间框架，注意画面的构图。确定绘制一点斜透视的空间效果，明确视平线的高度，确定消失点在画面中的位置，确定内框的大小。连接内框角点和消失点确定空间的围合立面，如图3-48所示。

步骤二：绘制出儿童卧室空间的主要家具。注意家具与空间的比例和透视关系，处理好前后物体的遮挡关系，如图3-49所示。

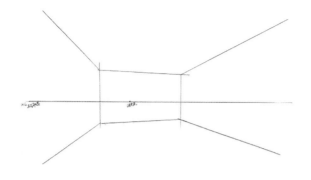

图 3-48 儿童卧室空间手绘效果图示范步骤一
陈雅婧 作

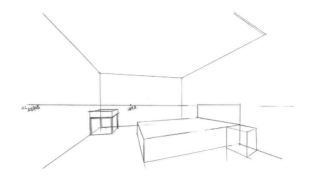

图 3-49 儿童卧室空间手绘效果图示范步骤二
陈雅婧 作

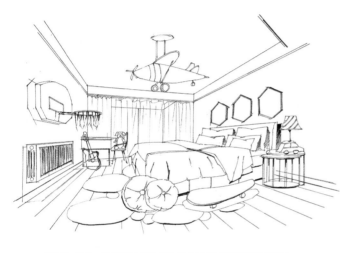

图 3-50 儿童卧室空间手绘效果图示范步骤三
陈雅婧 作

步骤三：造型和家具的深入刻画。将立面、天花和地面的造型和铺贴材料表现出来，将家具的结构和转折关系绘制清晰，如图 3-50 所示。

步骤四：调整画面的整体线稿效果。将造型和家具的细节和阴影表现出来，注意画面的均衡感，如图 3-51 所示。

图 3-51 儿童卧室手绘效果图示范步骤四 陈雅婧 作

步骤五：用马克笔画出空间的整体色调，主要表现出固有色。上色时用笔要快，力求准确，不要画到家具框架以外，要保证画面的干净、整洁。用马克笔区分出家具大的块面，如图 3-52 所示。

步骤六：绘制细节光感和材质。通过光感的表达增加画面的层次感和立体感。深入刻画家具的材质与肌理，使其更加细腻、精致。然后画出其他家具及细节部位，丰富画面内容，加重处理家具的暗部及阴影部位，到此画面就可以结束了，如图 3-53 所示。

图 3-52 儿童卧室空间手绘效果图示范步骤五 陈雅婧 作

图 3-53 儿童卧室空间手绘效果图示范步骤六 陈雅婧 作

3. 儿童卧室空间手绘效果图作品展示

儿童卧室空间手绘效果图作品如图 3-54 ～图 3-61 所示。

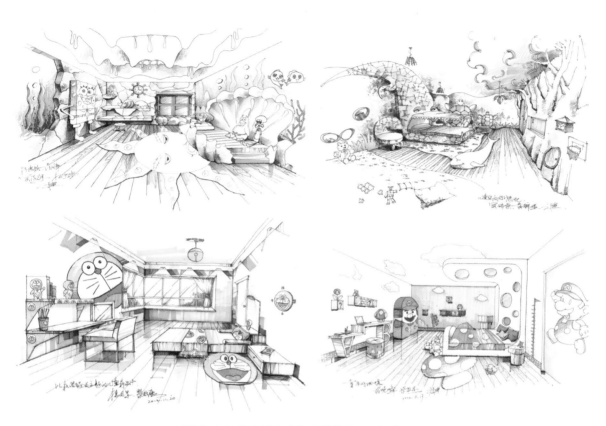

图 3-54 儿童卧室空间手绘效果图 文健 作

图 3-55 儿童卧室空间手绘效果图 雷雅玲 作

图 3-56 儿童卧室空间手绘效果图 树涛 作

图 3-57 儿童卧室空间手绘效果图 任瑞晓 作

图 3-58 儿童卧室空间手绘效果图 周迪 作

图 3-59 儿童卧室空间手绘效果图 学生作品

图 3-60 儿童卧室空间手绘效果图 学生作品

图 3-61 儿童卧室空间手绘效果图 学生作品

三、学习任务小结

通过本次学习，我们掌握了如何绘制儿童卧室空间手绘效果图。从学习过程中大家了解到不能脱离设计而去谈手绘表现。借用手绘形式直观地表达设计意图，建立起一个良好的沟通媒介，这便是学习手绘的核心。那么，在本次学习儿童卧室空间手绘效果图表现的过程中，通过对空间构图、透视、造型、线条和色彩等方面的训练，同学们已经掌握了一定的表现方法和技巧，希望同学们在课后多加练习，加强对手绘表现的理解。

四、课后作业

（1）每位同学收集 10 幅儿童卧室空间创意设计效果图。

（2）绘制 2 张儿童卧室空间手绘效果图，A3 幅面。

书房空间手绘效果图表现训练

教学目标

1. 专业能力

（1）能掌握书房空间的设计方法；能够通过方案整体居住空间风格的定位，确定书房空间的风格，尽量保持与整体空间风格一致；进行书房空间手绘效果图绘制，运用手绘形式将设计思想和设计理念表达清晰，准确表达空间关系。

（2）能通过手绘技巧训练，带动思维认识水平，推敲设计方案，从而拓展对设计的思考。能将空间透视、物体质感、光感及阴影表达明确，增强学生的动手能力。

2. 社会能力

（1）收集书房卧室空间设计的效果图案例，通过考察家具店、参考相关书籍，了解书房空间的设计形态，分析书房空间设计，并能通过手绘图纸表述其设计意图和设计创意。

（2）提高学生的审美能力及表现能力，培养富有创意和手绘设计技法的实战型室内设计人才，使学生掌握室内设计行业岗位技能的需求。

3. 方法能力

信息和资料收集能力，设计案例分析能力，手绘表达设计能力。

学习目标

（1）知识目标：具备书房空间设计案例分析能力及掌握手绘效果图绘制方法。

（2）技能目标：能够将平面图转化为手绘草图，进行设计意图表达；能够绘制出透视准确、线条流畅、结构清晰的书房空间手绘效果图。

（3）素质目标：能够团队协作完成书房空间设计与展示，具备团队协作能力和一定的语言表达能力。

教学建议

1. 教师活动

（1）教师通过书房空间设计案例图片和优秀手绘设计作品展示，组织学生进行学习赏析，提高学生对书房空间的直观认识。同时，运用多媒体课件、教学视频等多种教学手段，讲授书房空间的学习要点，指导学生进行书房空间手绘效果图的绘制练习。

（2）将思政教育融入课堂教学，引导学生学习中国"书屋文化"，提取中式家具桌椅、几案、屏风中的中式设计元素，并应用到自己的书房空间手绘效果图的绘制中。

（3）利用实物投影仪做课堂手绘示范，让学生直观地感受书房空间手绘效果图的绘制步骤、流程和方法。

2. 学生活动

（1）学生根据教师的讲授与示范，对学习任务进行课堂手绘练习。

（2）学生分组进行现场展示和讲解，训练自己的语言表达能力和沟通协调能力，促进学生自主学习、自我管理的教学模式和评价模式，突出学以致用，充分体现以学生为中心。

一、学习问题导入

唐代刘禹锡《陋室铭》: "斯是陋室,惟吾德馨。苔痕上阶绿,草色入帘青。" 这首描绘书房的诗仿佛带我们踏入了诗人的书室,可以抚摸到青青的绿苔,闻到浓浓的书香。在以文为业、以砚为田的读书生涯中,书房是中国古代文人追求仕途的起点,也是寻找自我的归途。每个人心中都有一间书房,把浮躁的世俗挡在屋外,回归至心灵最深处。请问同学们,你想拥有一间怎样的书房?

二、学习任务讲解

1. 书房空间设计

随着人类生活水平的不断提高,书房设计开始逐渐受到重视。书房是给主人提供阅读、上网、工作的空间,以提升自身能力和修养。书房对环境的要求主要有以下两点:首先是环境安静、舒适,尽量选择远离噪音或者面向小区园林的房间作为书房,减少噪音对看书、学习的干扰。其次是有良好的采光,使人保持轻松愉快的心态,减缓看书、学习时的疲劳。书房空间手绘效果图如图 3-62 和图 3-63 所示。

图 3-62 书房空间手绘效果图 程艳欣 作

书房设计的功能与主人的职业和喜好密切相关,而布置形式则由空间的形状、大小、门窗的位置来决定。一般四居室以上的房型可以独立设置书房,小型住宅的书房则多与卧室合用。书房设计时会涉及家具陈设(包括书柜、学习工作台和坐式家具等),在布置时要注意风格样式的统一和尺寸的匹配度。

图 3-63 书房空间手绘效果图 沙沛 作

2. 书房空间手绘效果图表现示范

步骤一：用铅笔绘制出书房空间框架，定好空间的高宽比例，根据两点透视规律，找到两个消失点，画出家具物体体块，如图3-64所示。

步骤二：对书房空间内家具与陈设进一步深化，画出书架搁架造型，绘制出书桌、椅子的具体形态，完善铅笔稿，如图3-65所示。

步骤三：在确定好铅笔稿的基础上，从前往后将家具陈设的墨线刻画完整，交代清楚结构关系，并用线条勾画出明暗关系，使画面的线稿完整、细致，如图3-66所示。

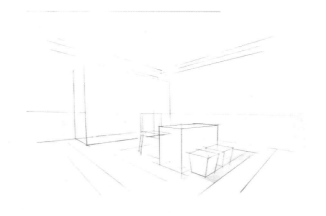

图3-64 书房空间手绘效果图示范步骤一 陈雅婧 作

图3-65 书房空间手绘效果图示范步骤二 陈雅婧 作

图3-66 书房空间手绘效果图示范步骤三 陈雅婧 作

步骤四：先用马克笔铺一遍固有色，区分出家具大的块面变化。使用暖灰色的马克笔将地面和天花的背景色表现出来，如图3-67所示。

步骤五：深入刻画主要物体的材质与肌理，完善家具与陈设的色彩。着重刻画桌椅、地毯的中心位置，让主体部分更加突出，成为画面的视觉中心。加深投影，刻画细节，使得画面更加有层次，整体效果完整统一，如图3-68所示。

图3-67 书房空间手绘效果图示范步骤四 陈雅婧 作

图3-68 书房空间手绘效果图示范步骤五 陈雅婧 作

3. 书房空间手绘效果图表现作品展示

书房空间手绘效果图作品如图 3-69 ~图 3-73 所示。

图 3-69 现代风格书房空间手绘效果图 邓文杰 作

图 3-70 新中式风格书房空间手绘效果图 邓文杰 作

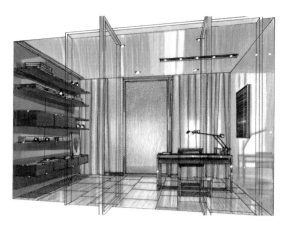

图 3-71 现代风格书房空间手绘效果图 梁志天 作　　图 3-72 欧式风格书房空间手绘效果图 陈红卫 作

图 3-73　现代风格书房空间手绘效果图　杨风雨 作

三、学习任务小结

　　通过本次学习，我们了解到书房的布局和功能，如何绘制书房空间手绘效果图，以及书房设计时应该注意的问题。书房是居住空间中重要的一部分，作为学习与工作的环境，既要有其严谨性，又要让居住者在轻松、舒适的气氛环境中学习。同学们通过手绘形式表达出书房空间设计效果，通过对书房空间构图、透视、造型、线条和色彩等方面的训练，基本掌握了书房空间手绘效果图的表现方法和技巧，希望同学们在课后多练习，提升手绘表现技能。

四、课后作业

（1）每位同学收集 4 幅中式风格书房设计效果图和 4 幅现代风格书房设计效果图，并简要说明其设计创意。

（2）绘制 2 张书房空间手绘效果图，A3 幅面。

学习任务

六

厨房和卫生间空间手绘效果图表现训练

教学目标

1. 专业能力

（1）能绘制厨房和卫生间空间手绘平面图，并掌握厨房和卫生间空间中橱柜和洗手台的设计规范；能够通过厨房和卫生间空间平面图进行手绘效果图绘制，并运用手绘形式将设计思想和设计理念表达清晰。

（2）能通过手绘技巧训练，提升设计方案构思和表达能力。

2. 社会能力

（1）收集厨房和卫生间空间设计的案例，了解橱柜和卫浴设备设计的新样式、新功能，不断提高设计认知水平，并能通过手绘表现其设计亮点。

（2）提高学生的审美能力及表现能力，培养创意设计精神。

3. 方法能力

信息和资料收集能力，设计案例分析能力，手绘表现能力。

学习目标

（1）知识目标：具备厨房和卫生间空间设计案例分析能力及手绘效果图绘制能力。

（2）技能目标：能够将厨房和卫生间平面图转化为手绘空间概念草图，并表达设计创意。

（3）素质目标：能够团队协作共同完成厨房和卫生间空间设计与展示。

教学建议

1. 教师活动

（1）教师通过厨房和卫生间空间设计案例图片展示，提高学生对厨房和卫生间空间的直观认识。同时，运用多媒体课件、教学视频等多种教学手段，讲授厨房和卫生间空间的学习要点，指导学生进行厨房和卫生间手绘效果图的绘制练习。

（2）引导学生发掘中式传统家具中的设计元素，并应用到厨房和卫生间手绘效果图的绘制中。

（3）教师展示优秀手绘设计作品，利用实物投影仪做课堂手绘示范，让学生直观感受厨房和卫生间空间手绘效果图的绘制步骤、流程和方法。

2. 学生活动

（1）学生根据教师的讲授与示范，对学习任务进行课堂手绘练习。

（2）学生分组进行现场展示和讲解，互评课堂练习作品，训练自己的语言表达能力和沟通协调能力。

一、学习问题导入

家是每个人的港湾，而厨房最能勾起每个家庭里最具记忆的味觉，是人间烟火的存在。在中国有句俗话说"民以食为天"，中国饮食文化有着悠久的历史。烹饪模式从火塘、灶炉、整体橱柜到智能厨房逐步演化。请问同学们，你还记得家乡的厨房是什么样子吗？

二、学习任务讲解

1. 厨房空间设计与手绘效果图表现

厨房在居住空间中是烹饪、备餐的区域，需要满足食物的储藏、清理、准备和烹饪等多项操作和功能，如图 3-74 所示。根据人们的饮食结构与烹饪习惯，厨房可分为中餐厨房和西餐厨房。厨房的空间形式主要有封闭式和开放式两种。封闭式厨房的优点是在烹饪时所产生的油烟不会影响室内其他空间。开放式厨房的优点是有利于空间的共享，使空间更加灵活、流动，视野开阔。在进行厨房设计时可以按照人体工程学原理进行流程分析，并根据空间的大小，决定厨房布置方式是采用"一字形"、"L 形"、"U 形"、"岛台形"、"岛形"中的哪一种形式，在此基础上再进行具体的方案设计。厨房的主要家具为橱柜，橱柜的材料、造型与厨房的风格对应。厨房的地面主要铺贴防滑瓷砖，墙壁则为瓷砖或大理石铺贴。顶棚材料一般为塑料扣板、金属板或防潮漆等。

厨房空间手绘效果图表现要注意以下几点。

（1）将厨房空间的尺寸比例关系画准确。厨房空间中橱柜的矮柜、吊柜，以及矮柜和吊柜之间的操作区都有标准化的尺寸，绘制时要严格按照尺寸进行，防止变形和比例失调。

（2）厨房空间内橱柜和饰面材料的样式和色彩与居住空间整体风格相呼应。

（3）橱柜和饰面材料的细节光感和材料质感要刻画细致。

厨房空间手绘效果图表现如图 3-75 ~ 图 3-81 所示。

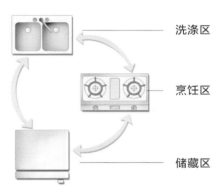

洗涤区

烹饪区

储藏区

图 3-74 厨房工作区

图 3-75 厨房空间手绘效果图 杨健 作

图 3-76 厨房空间手绘效果图 王严均 作

图 3-77 厨房空间手绘效果图 学生作品

图 3-80 厨房空间手绘效果图 学生作品

图 3-78 厨房空间手绘效果图 文健 作

图 3-81 厨房空间手绘效果图 文嘉 作

图 3-79 厨房空间手绘效果图 梁志天 作

2. 卫生间空间设计与手绘效果图表现

卫生间是居住空间中的必备功能空间。卫生间的卫生器具包括浴缸、洗脸盆、坐便器、淋浴器等。卫生间可以分为干区和湿区。干区主要是洗手台和坐便器，主要功能是洗漱和如厕；湿区主要是淋浴间和浴缸，主要功能是洗浴。卫生间根据面积大小可分为紧凑型和独立型。紧凑型卫生间将卫生器具用品全部放置于一个空间中，以最大化节省空间。独立型卫生间则是干湿分离，使得各功能区域互不干扰。卫生间在使用时会产生大量的水及雾气，因此装饰选材时应以防水、防湿为重点。卫生间的地面和墙面通常都使用防滑瓷砖铺贴，顶面采用塑料扣板或铝扣板进行吊顶，也可以刷防潮漆。卫生间的门、窗应密封遮蔽性好，以保持室内的热量和私密性。

卫生间空间手绘效果图表现要注意以下几点。

（1）将卫生间空间的尺寸比例关系画准确。卫生间空间中的洗漱台、坐便器、淋浴间和浴缸都有标准化的尺寸，绘制时要严格按照尺寸进行绘制，防止变形和比例失调。

（2）卫生间空间内洗漱台和饰面材料的样式和色彩与居住空间整体风格相呼应。

（3）洗漱台和饰面材料的细节光感和材料质感要刻画细致。

厨房空间手绘效果图表现如图 3-82 ~ 图 3-86 所示。

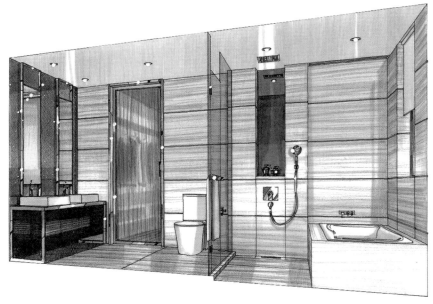

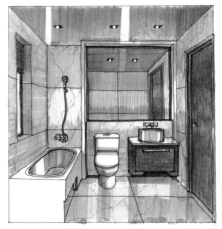

图 3-82 卫生间空间手绘效果图 梁志天 作

图 3-83 卫生间空间手绘效果图 陈雅婧 作　　　　图 3-84 卫生间空间手绘效果图 汪建成 作

图 3-85 卫生间空间手绘效果图 沙沛 作　　　　图 3-86 卫生间空间手绘效果图 学生作品

三、学习任务小结

　　通过本次学习，我们了解到厨房作为供居家烹饪备餐的地方，比较适合靠近餐厅布置，远离卧室、书房等私密空间，各项操作活动在水槽、炉灶、冰箱、配餐台等处进行。厨房设计涉及厨房空间的利用率、存取的便利、操作空间的合理划分等。卫生间绘制时要符合人体工程学尺寸规范，将卫生洁具的尺寸绘制准确合理。我们在借用手绘形式表现时，也要着重将设计意图表达清晰，而不只是关注手绘的画面效果。学习手绘的方法在于"勤、观、思"，多观摩优秀手绘作品，常思其表现方法，通过大量实际案例的练习，达到手、眼、心合一，练好手绘功底。希望同学们在课后时间多练习。

四、课后作业

　　（1）每位同学收集 5 幅厨房空间设计效果图和 5 幅卫生间空间设计效果图。

　　（2）绘制 1 张厨房空间手绘效果图和 1 张卫生间空间手绘效果图，A3 幅面。

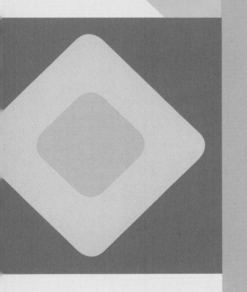

项目四
公共空间室内设计手绘
效果图表现训练

学习任务一　办公空间手绘效果图表现训练
学习任务二　餐饮空间手绘效果图表现训练

办公空间手绘效果图表现训练

教学目标

1. 专业能力

通过学习，了解办公空间的分类及其特点；熟悉办公空间的设计程序和设计的基本要素，熟悉办公室家具的选择和布置方法；掌握办公空间的手绘表现方法，为办公空间的设计打下基础。

2. 社会能力

通过参观和考察高级写字楼内的办公空间，实地了解办公空间的设计形态。能够绘制办公空间的手绘效果图，并尝试进行小型办公空间的设计。能口头表述办公空间的设计思维及创意点。

3. 方法能力

信息和资料收集能力，考察、记录能力，空间创作能力。

学习目标

（1）知识目标：熟知办公空间的基本各个空间布局及手绘效果图的绘制方法。

（2）技能目标：能够根据确定的办公空间平面图绘制出各个办公空间手绘效果图。

（3）素质目标：能够团队协作共同完成小型办公空间的设计与展示。

教学建议

1. 教师活动

（1）教师通过各类型办公空间设计案例图片展示，提高学生对办公空间的直观认识。同时，运用多媒体课件、教学视频等多种教学手段，讲授办公空间的学习要点，指导学生进行办公空间手绘效果图的绘制练习。

（2）将思政教育融入课堂教学，组织学生参观中式风格办公空间，引导学生发掘中式办公空间中的传统设计元素，并应用到自己设计的办公空间手绘效果图的绘制中。

（3）教师利用实物投影仪做课堂手绘示范，让学生直观感受办公空间手绘效果图的绘制步骤、流程和方法。

2. 学生活动

（1）学生根据学习任务进行课堂练习，老师巡回指导。

（2）学生分组进行现场展示和讲解，训练自己的语言表达能力和沟通协调能力。

一、学习问题导入

各位同学，今天我们来学习办公空间手绘效果图表现训练的知识。同学们先看看两张图，第一张办公空间的手绘效果图色彩协调，以灰色作为主色调，营造出宁静、安详的空间氛围，如图 4-1 所示。第二张办公空间手绘效果图造型简洁，以直线条作为主要的设计元素，显得时尚、现代，如图 4-2 所示。

二、学习任务讲解

(1) 课前准备。

收集有关办公空间设计的有效信息，并对图例、空间布局、色彩搭配进行画面分析。

(2) 学习准备。

自动铅笔、橡皮、马克笔、A3 绘图纸、针管笔、比例尺、平行尺、直尺、模板。

(3) 学习地点。

手绘制图室。

(4) 学习任务。

办公空间手绘效果图表现训练。

(5) 建议学时。

8 课时。

(6) 学习过程。

① 讲解知识点、技能点。

a. 办公空间的功能。

办公空间的主要功能空间包括接待前厅、走廊（或通道）、办公区、会议室和资料室（或储藏室）等。其中办公区是办公空间的主体部分。

图 4-1 办公空间手绘效果图 杜健 作

图 4-2 办公空间手绘效果图 杜健 作

b. 办公空间分类。

办公空间从布局形式上分为单间式和开敞式。单间式以部门等为单位，分别安排在不同大小和形状的房间之中。其优点是相互干扰小，私密性强，适合管理层办公，如图4-3所示。开敞式便于工作的联系与沟通，也比较节省空间，适合普通员工办公使用，如图4-4所示。

图4-3 单间式办公空间

办公空间从业务性质上分为行政办公空间（党政机关、事业单位）、商业办公空间（工商业、服务业）、专业性办公空间（企业）和综合性办公空间（联合办公）。行政办公空间要求空间形象严肃、稳重，设计风格朴实、大方、简洁、实用，体现出严谨的空间氛围，如图4-5所示。商业办公空间带有行业性质，注重企业形象，设计上追求行业特色，用材考究，空间开放，整体性和连贯性强，能展示企业实力，如图4-6所示。专业性办公空间的特点是具有较强的专业性，如设计公司、建筑公司、金融公司等的办公空间，在设计风格上讲究个性化，注重专业功能的设计，体现公司特有的专业形象，如图4-7所示。综合性办公空间以办公为主，同时包含餐饮、休闲娱乐、阅览等功能，要求合理设计空间动线，灵活划分和组合空间形态，展现开放、透明、共享的空间设计理念，如图4-8所示。

图4-4 开敞式办公空间

图 4-5　行政办公空间

图 4-6　商业办公空间

图 4-7 专业性办公空间

图 4-8 综合性办公空间

c. 办公空间功能区域划分和家具设备配置。

办公空间可包括以下功能区域。

前台接待区（接待前台、电脑、传真机、考勤机、电话总机、饮水机、接待区沙发），员工工作区域（办公桌、电脑、办公椅），经理办公室（大尺寸办公桌、电脑、办公椅、资料柜、接待区沙发），会议室（会议桌椅、文件柜、投影机、电动转轴投影幕、会议电话），财务室（办公桌、电脑、办公椅、资料柜），用餐间（餐桌、餐椅、饮水机、微波炉），储藏室，卫生间。

办公空间功能区域划分如图 4-9 所示。

② 实操教学示范。

老师示范办公空间作画步骤。

步骤一：画透视原理图。注意找准消失点和测量点，这幅画是两点透视，有两个消失点和两个测量点，如图 4-10 所示。

步骤二：完成空间线稿的绘制。按照两点透视的原理，将办公空间室内线稿勾画出来，注意比例与透视关系、空间前后进深关系和明暗阴影关系，如图 4-11 所示。

步骤三：中心部位着色。用笔要细致一些，不要画出界，用马克笔将物体的固有色绘制出来。注意受光线的阴影，物体形成的明暗关系变化，如图 4-12 所示。

步骤四：进一步扩大着色面积，用色彩的退晕技法把界面的由深到浅的变化画出来。注意笔触之间的衔接和色彩的过渡自然。反光强的物体要注意色彩的变化。着色过程中要逐步对比调整，不要画得太过呆板，同时注意笔触的变化和色块变化，如图 4-13 所示。

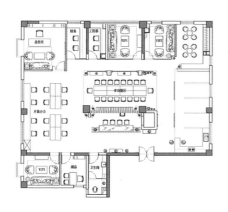

图 4-9 办公空间平面图

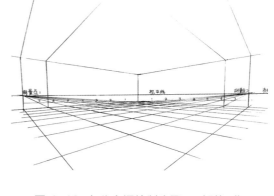

图 4-10 办公空间绘制步骤一 邹静 作

图 4-11 办公空间绘制步骤二 邹静 作

图 4-12 办公空间绘制步骤三 邹静 作

步骤五：最后完善画面的整体效果。调整画面的虚实关系和色彩变化。用彩铅协调画面的色调，适当加强物体的质感，并给鲜艳的饰品着色。注意画面轻重色彩关系的表现，如图4-14所示。

图4-13 办公空间绘制步骤四 邹静 作

图4-14 办公空间绘制步骤五 邹静 作

三、学习任务实操

（1）学生在课堂上完成课堂作业，老师巡回指导和修改。要求学生在练习过程中学会向别人学习，能够与同学开展互评。互评表如下表所示。

（2）学习成果展示。课前分好组，每组选一幅最好的作品展示，并对绘制的办公空间手绘效果图的透视、色调及整体画面效果进行展示和讲演。

学生互评表			
评价标准	权重	好	中	差
透视准确，构图、造型符合任务要求	40			
画面生动，表现力强	20			
线条生动，画面主体突出	15			
画面整个色调把握	15			
画面整体视觉效果	10			

四、学习任务小结

　　通过本次学习，同学们初步了解了办公空间的基本布局和办公空间手绘效果图的画法。下次课会邀请 5 个同学展示课后完成的办公空间手绘效果图作业。优秀的办公空间手绘效果图作品如图 4-15 ～图 4-18 所示。

图 4-15　办公空间手绘效果图　幺冰儒　作

图 4-16　办公空间手绘效果图　学生作品

图 4-17 办公空间手绘效果图 学生作品

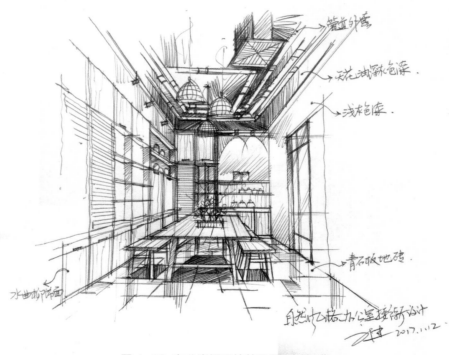

图 4-18 办公空间手绘效果图 文健 作

五、课后作业

（1）每位同学收集 10 幅办公空间手绘效果图。

（2）绘制 2 张办公空间手绘效果图，每一幅尺寸 A3 绘图纸、马克笔上色。

学习任务

二 餐饮空间手绘效果图表现训练

教学目标

（1）专业能力：通过学习了解餐饮空间的分类及其特点，熟悉餐饮空间的设计程序和设计要素，熟悉餐饮空间家具的选择和布置方法。掌握餐饮空间的手绘表现方法，为餐饮空间的设计打下基础。

（2）社会能力：考查日常生活中的餐饮空间业态，能够根据餐饮空间的手绘效果图进行餐饮空间实体店的设计，并能表述设计创意。

（3）方法能力：信息和资料收集、整合能力，手绘表现应用能力。

学习目标

（1）知识目标：熟知餐饮空间的各个子空间的布局及其手绘效果图的绘制方法。

（2）技能目标：能够根据餐饮空间平面图绘制出各个餐饮空间手绘效果图。

（3）素质目标：能够清晰地表述自己绘制的餐饮空间手绘效果图的创新点。

教学建议

1. 教师活动

（1）教师通过展示优秀餐饮空间设计案例，提高学生对餐饮空间的直观认识。同时，运用多媒体课件、教学视频等多种教学手段，讲授餐饮空间手绘效果图的学习要点，指导学生进行餐饮空间手绘效果图的绘制。

（2）引导学生发掘中华传统艺术中的典型元素和符号，观察餐厅中民族风元素的利用和乡土风环境的营造，并应用到餐饮空间效果图的绘制中。

（3）教师通过对优秀餐饮空间手绘效果图作品的展示，让学生感受如何从日常生活和各类型餐饮空间设计案例中提炼设计元素，并创造性地进行重组和绘制。

2. 学生活动

（1）选取优秀的学生餐饮空间手绘效果图作业进行点评，并让设计者进行现场展示和讲解，训练学生的语言表达能力和沟通协调能力。

（2）利用学生熟知的餐饮空间设计案例，如肯德基、喜茶等，调动学生学习兴趣，鼓励学生对餐饮空间的设计进行创新性分析和实践。

一、学习问题导入

同学们，今天我们来学习餐饮空间手绘效果图表现训练的知识。大家先欣赏两张餐饮空间手绘效果图。图4-19是餐厅包间手绘效果图，这个餐厅包间布局方正，色彩儒雅，极具中国传统文化品位，将中国传统的设计元素，如隔断、圈椅、水墨画等融入了设计之中，营造出浓厚的中式传统文化氛围。同学们注意观察包间里灯的造型，它是不是有很强的视觉冲击力和装饰美感？

图4-20是一张西餐厅的手绘效果图，这幅图采用地中海风格进行设计，典型的蓝色主调、条纹布艺、彩色马赛克立柱等经典地中海风情元素，打造出一个休闲、惬意的就餐环境，让置身其中的人感受到一种异域风情。大家喜欢哪幅作品呢？

图4-19 中式餐厅包间手绘效果图 连柏慧 作

图4-20 西餐厅手绘效果图 吴世铿 作

二、学习任务讲解

(1) 课前准备：收集有关餐饮空间设计的图片信息，并对图片进行有效筛选。

(2) 学习准备：铅笔、橡皮、马克笔、A3 绘图纸、针管笔、比例尺、直尺、模板。

(3) 学习地点：手绘制图室。

(4) 学习任务：餐饮空间手绘效果图表现训练。

(5) 建议学时：8 课时。

(6) 讲解知识点。

餐饮空间是人们日常生活不可缺少的休闲活动场所。"民以食为天"，餐饮空间正逐渐成为人们交流思想和感情的场所。随着人们社交聚会活动的日益增多，许多餐厅的就餐环境也开始强调设计创意，营造舒适、温馨的情调，使客人留连忘返。餐饮空间主要分为中式餐饮空间和西式餐饮空间两大类。

① 中式餐饮空间。

中式餐饮空间是指以中式菜系为主的餐饮空间，包括中式传统餐饮馆（如外婆家、陶陶居、全聚德），中式快餐店（如永和豆浆、大娘水饺、老娘舅等），中式烧烤店、火锅店（川国演义、东来顺、小肥羊），中式茶饮店（如阿里山、喜茶），如图 4-21 所示。

图 4-21 中式茶饮喜茶佛山店

② 西式餐饮空间。

西式餐饮空间是指以西式菜品为主的餐饮空间。如西式快餐店（KFC）；咖啡馆（如星巴克、上岛），酒吧（如胡桃里、1912 酒吧），休闲饮品店（如哈根达斯、500cc 奶茶店）等，如图 4-22 ～图 4-24 所示。

图 4-22 咖啡厅

图 4-23 西餐厅

图 4-24 胡桃里音乐酒吧

（7）技能训练。

餐饮空间手绘效果图绘制步骤如下所示。

步骤一：画透视原理图。注意找准消失点和测量点，以及家具与界面的比例和尺寸关系，如图4-25所示。

步骤二：底稿绘制。将餐饮空间的线稿按照比例勾画出来。注意线条的流畅感和质感处理以及细节光影的刻画，如图4-26所示。

步骤三：局部涂色。从画面的视觉中心入手，先对餐桌和餐椅进行上色。注意用笔要肯定，不要超过轮廓线的限制。主要画餐桌和餐椅的固有色，即木色，注意物体立体感和转折关系的表现，如图4-27所示。

步骤四：大面积着色。将餐厅背景的墙面、天花和地面的基本色彩绘制出来，注意把握材料的质感和灯光照射时的光感，如图4-28所示。

步骤五：整体调整画面效果。对餐厅内的家具和界面进行深入刻画，画出深浅层次变化和光影变化。用彩色铅笔加强灯光效果，注意灯光的虚实变化，如图4-29所示。

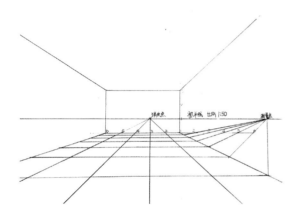

图4-25 餐饮空间手绘效果图绘制步骤一
邹静 作

图4-26 餐饮空间手绘效果图绘制步骤二
邹静 作

图4-27 餐饮空间手绘效果图绘制步骤三
邹静 作

图4-28 餐饮空间手绘效果图绘制步骤四
邹静 作

图 4-29 餐饮空间手绘效果图绘制步骤五 邹静 作

三、学习任务课堂实训

教师布置课堂实训任务，学生进行课堂实训，教师现场巡回指导，发现学生不懂的问题及时指导并纠正并示范，引导学生用正确的作画方法进行绘制。

四、学生任务小结

教师对学生课堂实训作业进行点评，并按照下表进行作业评分。

通过本次学习，同学们了解了餐饮空间的分类和餐饮空间手绘效果图的画法步骤和技巧。在这里，老师展示一些优秀的餐饮空间手绘效果图给大家参考。如图 4-30 ～图 4-33 所示。

学生课堂作业评分参考表				
评价标准	权重	好	中	差
透视准确，构图、造型符合任务要求	40			
画面生动，表现力强	20			
线条生动，画面主体突出	15			
画面整个色调把握	15			
画面整体视觉效果	10			

图 4-30 西餐厅手绘效果图 连柏慧 作

图 4-31 餐厅大堂手绘效果图 学生作品

图 4-32 餐厅大堂手绘效果图 杨风雨 作

图 4-33 酒吧手绘效果图 杨健 作

五、课后作业

（1）每位同学收集 10 幅餐饮空间手绘效果图。

（2）绘制 2 张餐饮空间手绘效果图，每一幅尺寸 A3 绘图纸、马克笔上色。

同学们可以扫描二维码
查看更多客厅空间手绘效果图

项目五
室内设计手绘效果图整套方案表现训练

学习任务一　居住空间设计手绘效果图整套方案表现训练
学习任务二　公共空间设计手绘效果图整套方案表现训练

学习任务 一

居住空间设计手绘效果图整套方案表现训练

教学目标

（1）专业能力：能将居住空间的平面方案设计转化为不同角度的效果图、立面图和节点大样图，并能清晰地绘制表达。

（2）社会能力：能按照客户的设计要求，绘制居住空间的设计平面图、手绘效果图和手绘施工图，并能通过手绘效果图与客户沟通。能通过居住空间手绘平面图和手绘效果图与设计助理沟通，完成从手绘到电脑绘图的转化。

（3）方法能力：能够根据不同的居住空间户型手绘出不同的设计方案。对同一居住空间户型用不同设计风格进行设计表现。

学习目标

（1）知识目标：能够熟练通过居住空间原始户型做出整套的手绘设计方案，包括平面图、天花图、立面图、效果图和设计说明。

（2）技能目标：熟练运用手绘表现技法绘制居住空间的整套设计方案，并能运用马克笔、彩色铅笔进行设计方案的着色。

（3）素质目标：能够大胆、快速地表达自己的设计思维和设计构思，并能系统地表现出来。

教学建议

1. 教师活动

（1）教师通过收集不同的居住空间原始平面图，让学生练习绘制整套设计方案。每个原始结构图绘制两个以上不同风格的设计方案，提高学生的手绘方案设计能力和表现能力。

（2）教师课堂示范居住空间设计手绘效果图整套方案表现的方法和技巧，并指导学生进行练习。

（3）教师挑选优秀居住空间整套设计方案作品进行展示，并让学生相互交流学习，培养学生的沟通、交流和学习能力。

2. 学生活动

（1）让学生分组展示居住空间整套设计方案作品，讲解作品的方案构思技巧、设计手法应用、设计风格选择和表现形式，以及作品的优缺点，训练学生的语言表达能力和沟通协调能力。

（2）赏析国内外优秀室内设计师的居住空间整套设计方案的案例，学习其创作手法。

一、学习问题导入

　　各位同学，今天我们学习居住空间设计手绘效果图整套方案手绘表现的方法。图 5-1 所示为一套别墅居住空间设计手绘效果图，其中包括一层和二层的平面布置图、部分重点立面的立面图和客厅空间的手绘效果图。大家看看这套图的表现手法有什么特点，整套方案的风格定位和表现手法是如何协调统一的，家具的尺寸比例、明暗关系和色彩搭配等表现技巧是如何进行绘制表达的？

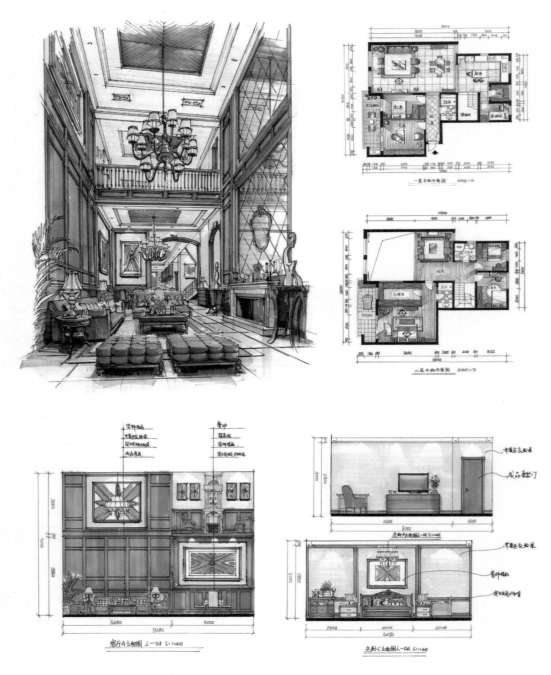

图 5-1 居住空间设计手绘效果图整套方案手绘表现　学生作品

二、学习任务讲解

1. 学习任务准备

（1）教学准备：居住空间设计手绘效果图整套方案手绘表现作品案例集、电子图片资料和手绘表现视频。

（2）学习用具准备：自动铅笔、橡皮、A2 制图纸、针管笔或钢笔、平行尺、直尺、马克笔、彩色铅笔。

（3）学习课室准备：专业绘图室、多媒体设备、实物投影仪。

（4）建议学时：6 课时。

2. 学习任务讲解与示范

（1）居住空间设计手绘效果图整套方案手绘表现的设计排版。

由于需要展示的图纸较多，所以居住空间设计手绘效果图整套方案一般选择较大规格的绘图纸进行表现，尺寸为 A2 或 A1。在进行绘制前，要先进行设计排版，考虑好将手绘效果图、平面图、立面图和设计说明安排在画面的什么位置？这些图纸和文字之间的大小比例怎样设置？设计排版不仅可以加强对整套设计方案的美化效果，而且可以系统展示整套设计方案，让图面效果更加直观和一目了然。

设计排版一般分为横构图和竖构图。横构图包括设计方案的主题和名称、设计说明、平面图、天花图、立面图和手绘效果图。按照图纸的重要程度，手绘效果图在画面中占据的尺寸最大，一般为画面整体尺寸的四分之一。平面图和天花图是仅次于手绘效果图的图纸，两者加起来占据画面整体尺寸的四分之一。剩下的设计方案的主题和名称、设计说明以及立面图的空间可以小一些，起到辅助说明的作用。居住空间设计手绘效果图整套方案手绘表现横构图如图 5-2 和图 5-3 所示。

竖构图包括设计方案的主题和名称、设计说明、平面图、天花图、立面图和手绘效果图。由于画面尺寸细长，可以将手绘效果图的比例进一步放大，约占画面整体尺寸的二分之一，如图 5-4 所示。

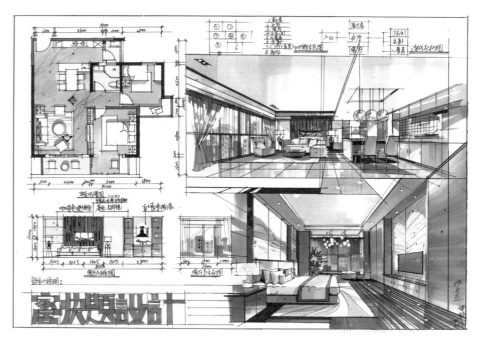

图 5-2 居住空间设计手绘效果图整套方案手绘表现横构图 学生作品

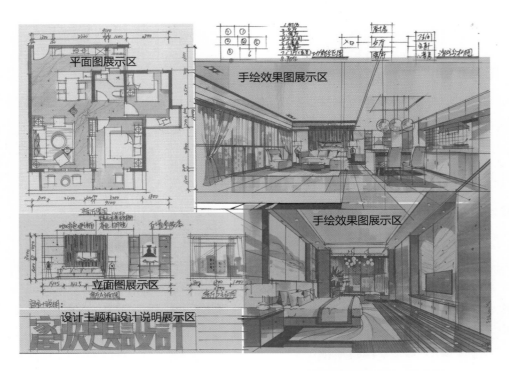

图 5-3 居住空间设计手绘效果图整套方案手绘表现横构图分析 文健 作

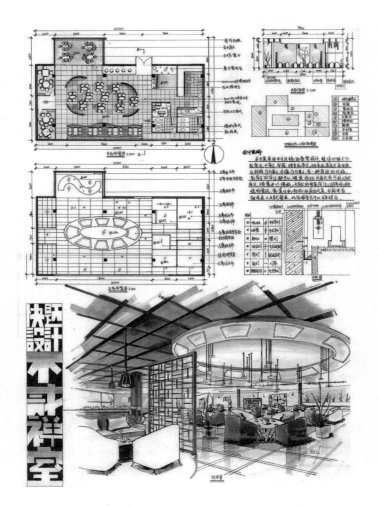

图 5-4 居住空间设计手绘效果图整套方案手绘表现竖构图分析 学生作品

（2）优秀居住空间设计手绘效果图整套方案手绘表现作品如图 5-5 ～图 5-13 所示。

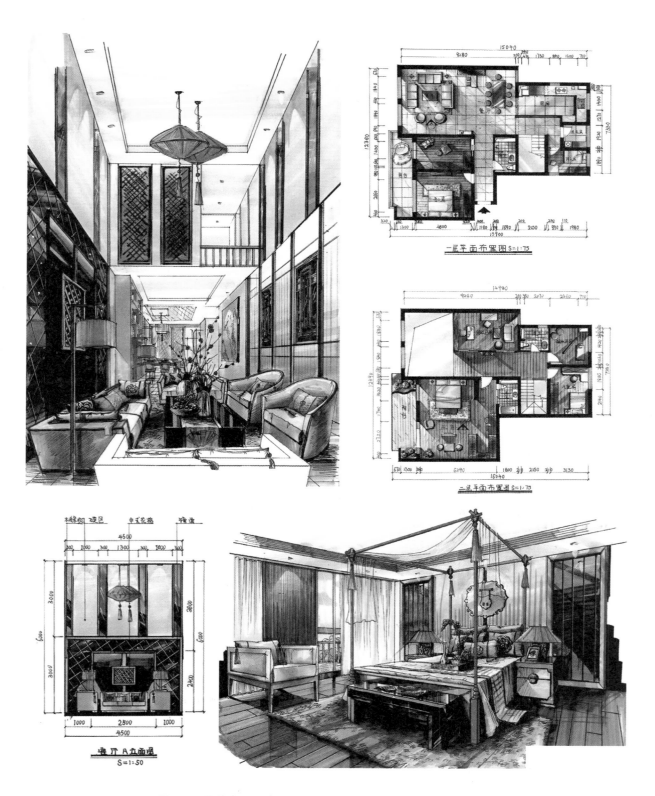

图 5-5　居住空间设计手绘效果图整套方案手绘表现作品　学生作品

123

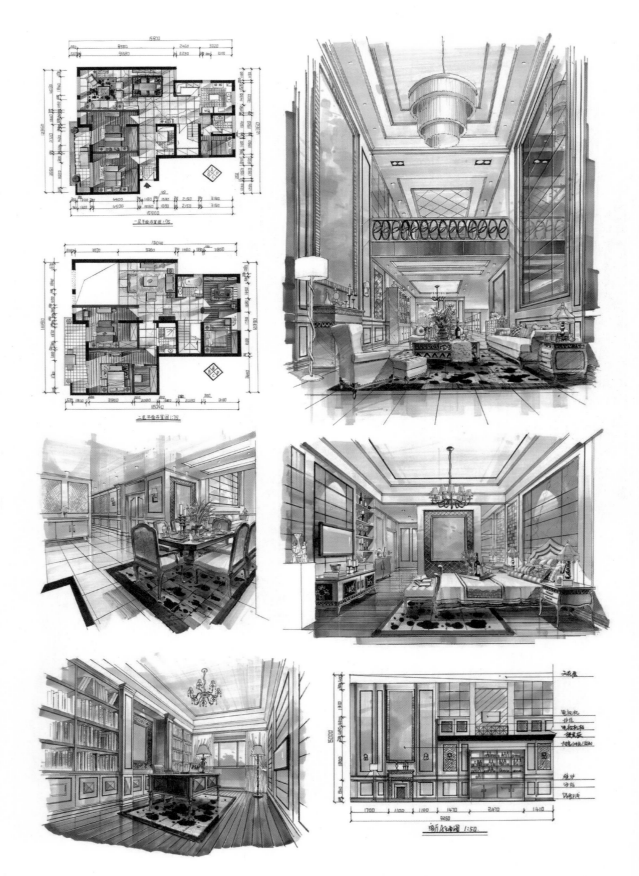

图 5-6 居住空间设计手绘效果图整套方案手绘表现作品 学生作品

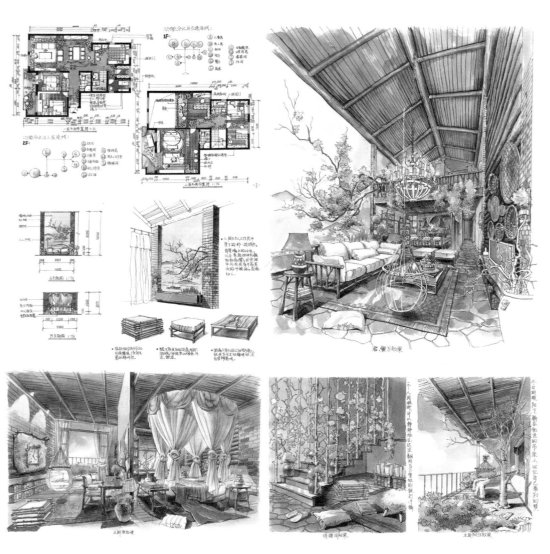

图 5-7 居住空间设计手绘效果图整套方案手绘表现作品 学生作品

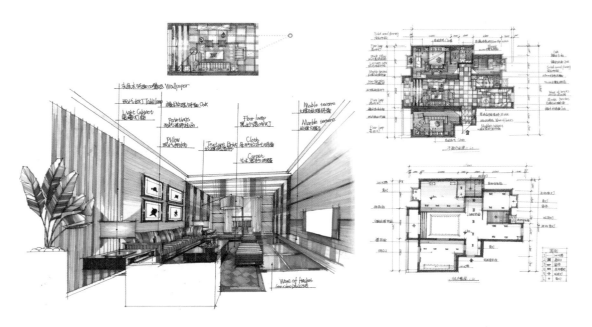

图 5-8 居住空间设计手绘效果图整套方案手绘表现作品 吴世铿 作

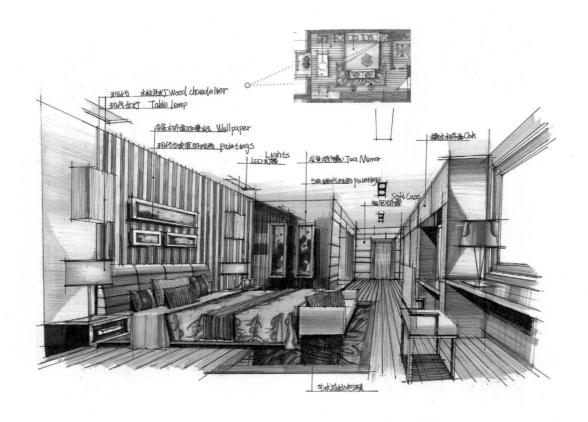

图 5-9 居住空间设计手绘效果图整套方案手绘表现作品 吴世铿 作

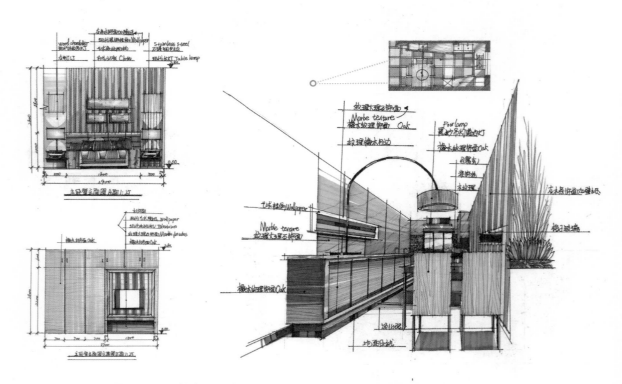

图 5-10 居住空间设计手绘效果图整套方案手绘表现作品 吴世铿 作

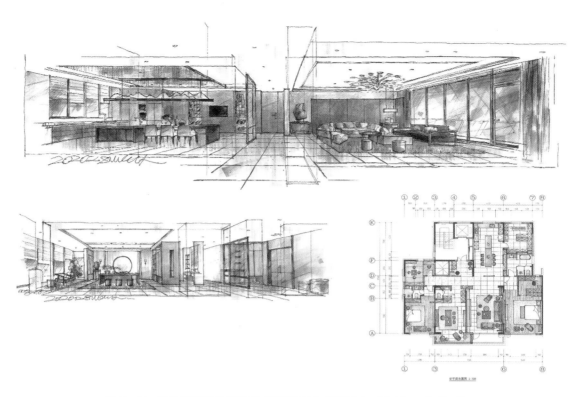

图 5-11 居住空间设计手绘效果图整套方案手绘表现作品　王严均　作

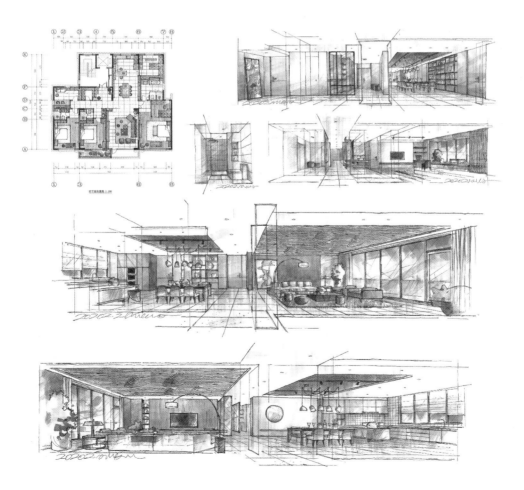

图 5-12 居住空间设计手绘效果图整套方案手绘表现作品　王严均　作

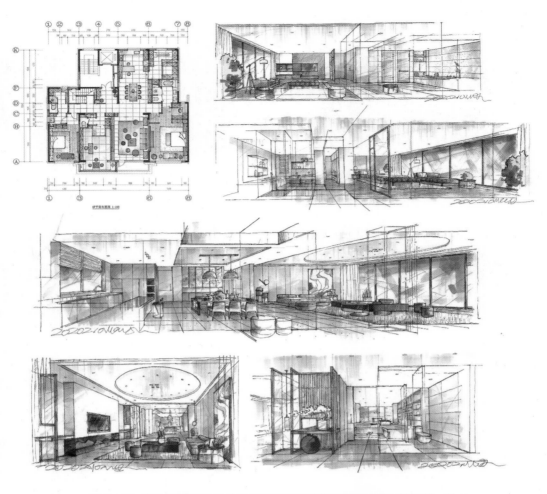

图 5-13 居住空间设计手绘效果图整套方案手绘表现作品 王严均 作

三、学习任务小结

　　通过本次学习，同学们初步了解了居住空间设计手绘效果图整套方案手绘表现的设计排版以及表现方式和方法。课后同学们还要通过大量的临摹和练习，来提高手绘设计表现能力。同时，要从优秀的居住空间设计手绘效果图整套方案手绘表现作品中汲取营养，吸收其设计理念、表现方式和表现技巧，并转化为自己的技术技能，为从事今后的设计工作打下扎实的基础。

四、课后作业

　　（1）用 A2 绘图纸绘制 1 张居住空间设计手绘效果图整套方案手绘表现作品。

　　（2）收集 10 张居住空间设计手绘效果图整套方案手绘表现作品。

学习任务 二

公共空间设计手绘效果图整套方案表现训练

教学目标

（1）专业能力：能通过公共空间的平面方案设计清晰地绘制表达不同角度的效果图、立面图和节点大样图。

（2）社会能力：能按照客户的设计要求，绘制公共空间的设计平面图、手绘效果图和手绘施工图，并能通过手绘效果图与客户沟通。能通过公共空间手绘平面图和手绘效果图与设计助理沟通，完成从手绘图到电绘图的转化。

（3）方法能力：能够根据不同的公共空间户型绘制不同的设计方案。对同一公共空间户型用不同设计风格进行设计表现。

学习目标

（1）知识目标：能够熟练通过公共空间原始户型做出整套的手绘设计方案，包括平面图、天花图、立面图、效果图和设计说明。

（2）技能目标：熟练运用手绘表现技法绘制公共空间的整套设计方案，并能运用马克笔、彩色铅笔进行设计方案的着色。

（3）素质目标：能够快速表达自己的设计思维和设计构思，并能系统地表现出来。

教学建议

1. 教师活动

（1）教师通过收集不同的公共空间原始平面图，让学生练习绘制整套设计方案，每个原始结构图绘制两个以上不同风格的设计方案，提高学生的手绘方案设计能力和表现能力。

（2）教师课堂示范公共空间设计手绘效果图整套方案表现的方法和技巧，并指导学生进行练习。

（3）教师挑选优秀公共空间整套设计方案作品进行展示，并让学生相互交流学习，培养学生的沟通、交流和学习能力。

2. 学生活动

（1）学生分组展示公共空间整套设计方案作品，讲解作品的方案构思技巧、设计手法应用、设计风格选择和表现形式以及作品的优缺点，训练学生的语言表达能力和沟通协调能力。

（2）赏析国内外优秀室内设计师的公共空间整套设计方案，学习其创作手法。

一、学习问题导入

各位同学，今天我们来学习公共空间设计手绘效果图整套方案手绘表现的方法。图 5-14 所示为一套办公空间设计手绘效果图，其中包括平面布置图、天花设计图、部分重点立面的立面图和公共空间的手绘效果图。

大家看看这套图的表现手法有什么特点，整套方案的风格定位和色彩是如何协调统一的，文字与图片的比例关系、排版的设计、设计说明的撰写又有哪些规范。

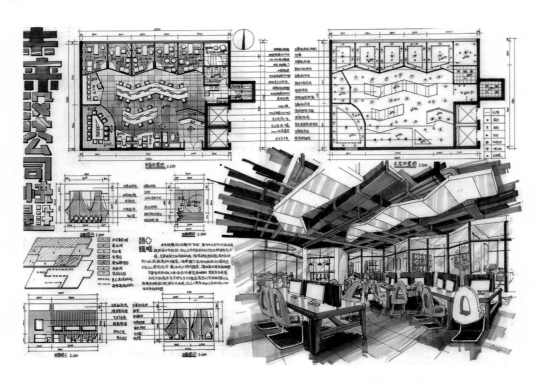

图 5-14 公共空间设计手绘效果图整套方案手绘表现 学生作品

二、学习任务讲解

1. 学习任务准备

（1）教学准备：公共空间设计手绘效果图整套方案手绘表现图片和视频。

（2）学习用具准备：自动铅笔、橡皮、A2 制图纸、针管笔或钢笔、平行尺、直尺、马克笔、彩色铅笔。

（3）学习课室准备：专业绘图室、多媒体设备、实物投影仪。

（4）建议学时：6 课时。

2. 学习任务讲解与示范

（1）公共空间设计手绘效果图整套方案手绘表现的设计排版。

公共空间设计手绘效果图整套方案手绘表现的设计排版遵循以下原则。

① 协调性：包括文字与图片大小比例的协调，文字字体的协调，画面整体色彩的协调等。画面不协调的原因之一就是画面视觉元素之间没有形成呼应，也就是每个元素都是独立的，互无关联性，这样的画面容易呈现出乱的感觉。避免画面太乱常用的方法就是统一视觉元素的造型和色彩，并且将原本分离的视觉元素串联起来，在视觉上呈现出关联性，如图 5-15 ～图 5-17 所示。

② 创意性：包括文字字体设计的创意，手绘平面图和效果图设计的创意等。文字字体的设计可以优化画面效果，特别是设计主题文字的设计尤其重要。设计主题文字在体量上要比设计说明的文字大一些，达到突出和强调的作用，在外形上要设计成美术字，可以是象形的、抽象变形的，或者繁体的，如图 5-18 所示。

③ 工整性：包括排版的工整、文字书写的工整、图面的工整等。

视觉元素形式杂乱，影响画面的协调性

视觉元素沿左边缘对齐，并且长短变化很有规律，色彩协调统一，让画面达到协调统一的效果

图 5-15 公共空间设计手绘效果图整套方案手绘表现设计排版一

画面视觉元素外形各异，无法形成画面的协调一致

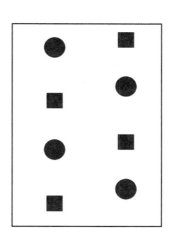

画面视觉元素按照一定的重复秩序，实现内在的关联性，形成画面的协调效果

图 5-16 公共空间设计手绘效果图整套方案手绘表现设计排版二

画面色彩太多，显得杂乱无章

画面色彩统一成较为单一的色调，形成画面的协调性

图 5-17 公共空间设计手绘效果图整套方案手绘表现设计排版三

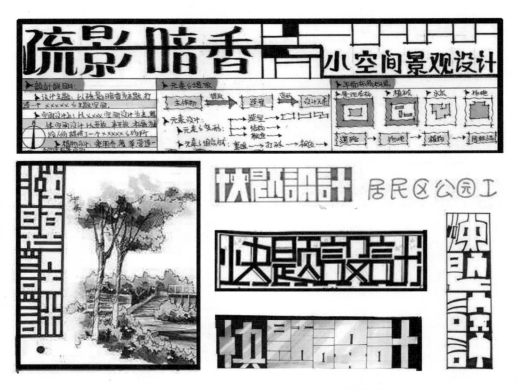

图 5-18　公共空间设计手绘效果图整套方案手绘表现设计排版四

（2）优秀公共空间设计手绘效果图整套方案手绘表现作品，如图 5-19 ~ 图 5-24 所示。

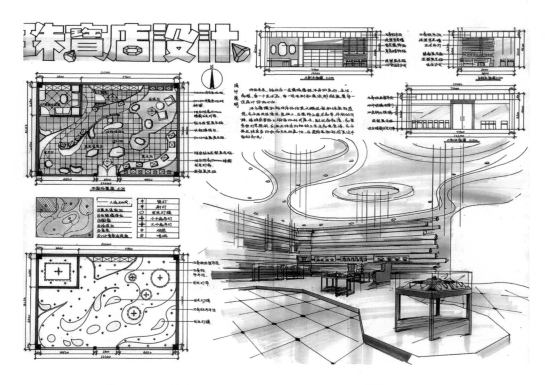

图 5-19　公共空间设计手绘效果图整套方案手绘表现　学生作品

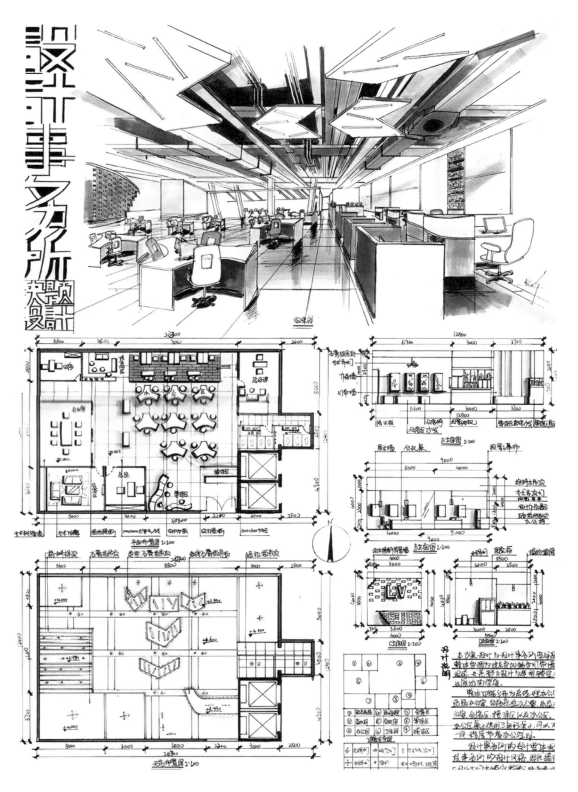

图 5-20 公共空间设计手绘效果图整套方案手绘表现 学生作品

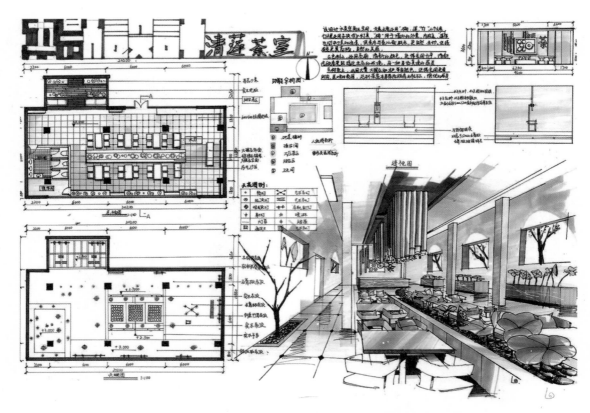

图 5-21　公共空间设计手绘效果图整套方案手绘表现　学生作品

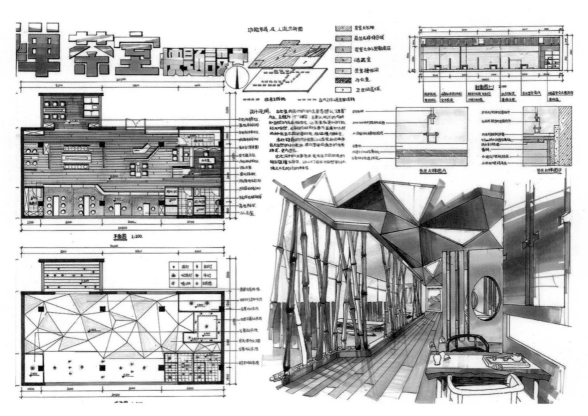

图 5-22　公共空间设计手绘效果图整套方案手绘表现　学生作品

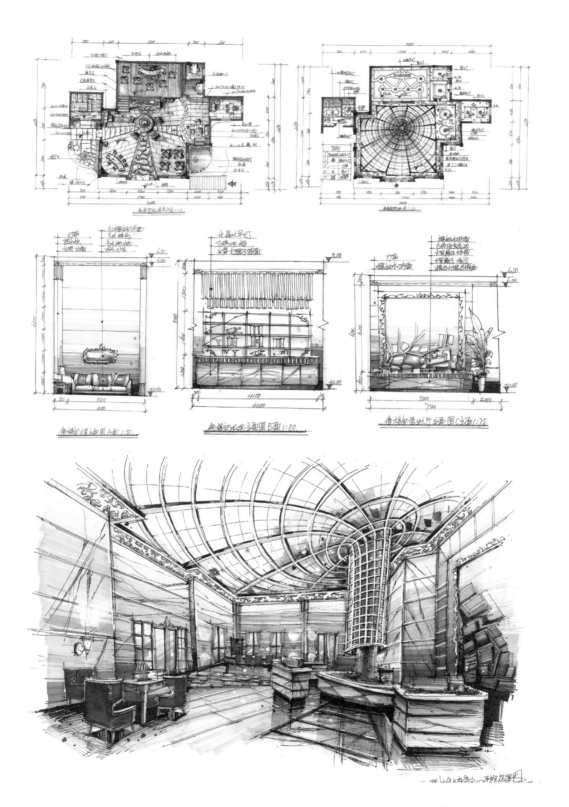

图 5-23 公共空间设计手绘效果图整套方案手绘表现 吴世铿 作

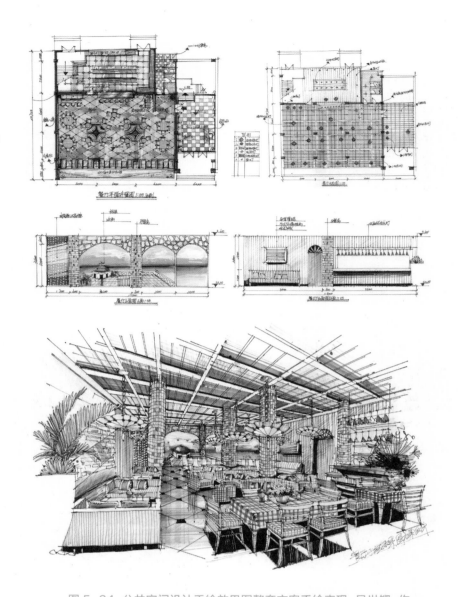

图 5-24　公共空间设计手绘效果图整套方案手绘表现　吴世铿　作

三、学习任务小结

　　通过本次学习，同学们初步了解了公共空间设计手绘效果图整套方案手绘表现的设计排版技巧以及表现方法。同学们要多加练习公共空间设计手绘效果图整套方案手绘表现的绘制方法，并总结其中的规律和表现技巧。

四、课后作业

　　（1）用 A2 绘图纸绘制 1 张公共空间设计手绘效果图整套方案手绘表现作品。

　　（2）收集 10 幅公共空间设计手绘效果图整套方案手绘表现作品。

同学们可以扫描二维码
查看更多室内设计手绘效果图表现作品